2018年度浙江省哲学社会科学规划课题“历史流变下的浙西廿八都景观基因研究”（编号：18NDFC296YB）研究成果

乡土景观基因

以浙江廿八都为例

邱 峰 著

目　录

第一章　绪　论……………………………… 001
第二章　基本思路及创新期待……………………… 015
第三章　大山里的古镇——廿八都………………… 029
第四章　古建筑景观艺术魅力……………………… 055
第五章　景观基因识别和表达……………………… 083
第六章　景观基因传承与流变……………………… 119
第七章　景观基因图谱构建………………………… 135
第八章　古镇景观调研……………………………… 157
第九章　景观基因保护途径………………………… 179
第十章　景观基因应用——三维数字化…………… 195
第十一章　景观基因应用——古镇虚拟复原… 221
总　结…………………………………………… 244
附　录…………………………………………… 245
参考文献………………………………………… 265
图片索引………………………………………… 272

●● 第一章 ●●

绪 论

第一节　乡土景观

对于“景观”一词，不同专业学科从自身角度出发给出了不同的定义。本书主要涉及艺术学、地理学、历史学以及生态学的概念内容。景观的含义最初来自视觉艺术，源于绘画，是画家创作的对象。到了19世纪，随着自然科学的发展，地理学专家把“景观”一词纳入了自然体的研究范畴，指土地上所有客观对象的综合体，包括土地、植被、河流以及人文建筑。到了20世纪，生态学把“景观”看成和人类息息相关的综合体，而且景观的演变是伴随着人类社会的变化而发展的。北京大学俞孔坚教授对“景观”这一概念，做出了总结：景观是风景，是视觉审美的对象；景观是栖息地，是内在的使用者生活在其中的场所空间；景观是系统，是具有一定功能、结构和内在联系的有机系统；景观是符号，是人类理想与文化的载体，记载人类过去，表达希望和理想，赖以认同和寄托的语言和精神空间。①现在来看，“景观”不能简单地等同于“风景”，它有更深刻的内涵，被定义为人类活动的空间和环境整体。

乡土景观是指有别于城市景观，根植于乡村区域内的具有

① 俞孔坚. 景观的含义 [J]. 时代建筑，2002（1）.

淳朴农耕背景特色的景观文化总称。地理学家金其铭提出：乡村景观是指在乡村地区具有一致的自然地理基础、利用程度和发展过程相似、形态结构及功能相似或共轭、各组成要素相互联系、协调统一的复合体。[①] 乡土景观范畴也是比较广泛的，它是一个完整的系统，既包括乡间的自然景观，也包括乡村建筑以及村落等客观物质。结合景观生态学的理论，乡土景观还包括通过当地村落建筑、改造自然的环境反映出来的人文景观如生活习俗、社会信仰、观念等精神层次的综合体。本书描绘的乡土景观以浙西南廿八都镇为研究对象，重点是廿八都的自然景观和人文景观，也包含了其他层面的景观，是一个比较全面的景观描绘。乡土景观记载了人们最初、最原始的生活方式，也承载了现代人们深深的回忆，作为一种文化情怀，它已经深深烙印在人们心底。

乡土景观是研究乡土文化的载体。[②] 建筑是一部重要的史书，能客观地反映历史，反映出人们的真实生活状态。优秀的文化景观需要保护，但是国内建筑景观维护很长一段时间内做得并不是很理想。纵观历史，由于中西方思想观念、宗教信仰的不同，导致人们对建筑的营造方式的看法是不同的。中国传统文化的

① 金其铭，董昕，张小林．乡村地理学 [M]. 南京：江苏教育出版社，1990.
② 李秋香等．浙江民居 [M]. 北京：清华大学出版社，2010.

主体是儒家文化，儒家文化强调“有序”，是人与自然的和谐相处，对建筑的态度是以新为贵，主张建筑也应具备一定的生命周期；西方建筑则充满着宗教神秘主义的情绪，对古老建筑充满尊崇与敬意，追求建筑的高度和建筑的坚固。这种观念差距最直接体现在建筑材料的使用上，西方建筑的建造通常选用的是石材，这样建筑可以保存几百年，甚至上千年，是有效地传承历史文化的载体；而中国传统思想理念下营造建筑景观多选用木质材料，受客观环境影响，木材在时间上保存性要比石材短很多，所以从古至今能保存下来的中国古建筑，最多数百年的历史，还是不断修缮保护过的。那些存在民间的乡土景观由于没有得到很好的重视，能很好地保存下来的更是稀少，大量珍贵的历史文化遗产遭受了来自自然或者人为毁灭性的损坏。

对于乡土景观，可以分为几个不同层面进行研究：首先是它的自然景观，具体包括当地的自然地貌、流经的水系、所处的山脉以及气候特征；其次是人文景观，根据对象属性特征分为物质景观和非物质景观。其中，物质景观具体包括村镇、整体布局、街巷特征、建筑和庭院特征以及民间艺术等；非物质景观是属于精神层面的，是通过物质综合体现出来的生活习俗、信仰、观念等。

乡土景观都是由小而大发展而成的，是有时间跨度的，保留着时代的烙印，其景观面貌折射出了特定的地理和时空环境特征。廿八都乡土景观是代表浙西南地区丘陵山区文化的重要载体和表现形式，可以说是一定时期社会、政治、经济和文化发展的产物。

乡土景观在历史舞台上的发展结局各不相同。受多种因素的影响，很多具有历史文化的乡镇、乡村已经转换为现代化城镇，历史景观已经不复存在了；有些历史乡镇如廿八都一样处在深山里面，受地理环境和位置的影响，现代因素的影响不大，因此并没有过多地受到现代文明冲击，还保存着很多的历史风貌景观形态，是非常难能可贵的。这些遗留几百年的明清古建筑群，依然安静地耸立在仙霞岭山脉里，关于它们的历史和文化正在等着现代人去解读。

在社会经济快速发展、农村不断变为城市的过程中，这些传统乡村古镇（重点是历史文化村镇）正面临着被急剧毁坏的命运。许多有着辉煌历史、深厚文化底蕴、鲜明地域特色、极富保护与传承价值的传统村落古镇，在经济的快速发展中纷纷湮灭。[①] 现在农村的城镇化进程在加快，一座座现代化住宅崛地而起，干净平坦的乡路跑着往返城市和乡村的客车、货车，值得肯定的成就，是村民的生活幸福感和舒适感在逐步地改善，

① 刘沛林.中国传统聚落景观基因图谱的构建与应用研究[D].北京：北京大学，2011.

但在乡村环境提升的时候，难免会对古建筑和街巷进行改造，而不科学地改造难免会产生对历史景观的破坏。

随着城镇化的发展，如何保护好乡村的历史文化景观俨然成了当今学术界的重大课题。其实对社会主义新农村的正确解读，是把有历史文化价值的老宅、祠堂、牌坊、桥亭等合理地保留传承，这样我们精神寄托的家园才不会消失。社会主义新农村建设的核心内容应该是乡村的生态空间和乡土文化，而不是简单地把乡村改造成城市。[①] 保护乡土景观是一项系统工程，要用科学的态度对待、探究乡土景观特征体系。正确处理好乡土景观保护和乡村发展的问题，是当今社会面临的紧迫问题。

现在学术界一般多借助地理学和生态学知识来研究乡土景观保护，把国内的乡土景观进行地域划分管理，探讨其景观文化形成的原因，分析其文化特征以及保护问题，尤其关注人在自然空间景观中对环境做出的改变。这是现代乡土景观正确的研究方向，重视人在乡土景观塑造中的主人翁地位，要满足人的需求。保护历史景观不是单纯地封存古建筑，而是合理开发性保护，充分发挥人的积极作用。

对于乡土景观的保护要多引导和宣传，不断提高人们的认

① 李树华．从乡村景观建设的城市化，走向城市景观建设的乡村化[J]. 现代园林，2007（12）.

识，唤起人们内心的认同。乡土景观科学体系是建立在多学科知识基础之上的，不光是前面提到的艺术学、地理学、生态学知识，还可以引入新的知识体系，其目的是丰富乡土景观体系内容，如把生物学中的“基因”概念引入乡土景观理论中，必将会更新人们对乡土景观的认识，同时给人们带来不一样的理解和感悟。

本书是以文化景观基因为研究方向，以浙西南廿八都为案例，探究文化基因特征、发展规律以及保护措施。在乡村景观的保护上还要做到创新和与时俱进，利用新技术来实现对有历史文化价值的乡村景观的保护。如现代数字化技术。人们可以利用计算机实现乡土景观的虚拟化展示，建立起乡村景观的数字化档案，真正实现景观文化的永久性保存。

第二节　景观基因定义与分类

国内较早把生物学中的“基因”理论概念引入传统景观文化研究中的是刘沛林先生，自 2011 年至今，已经有十多年时间。

以生物学科知识为主要支撑，他提出了构建“景观基因理论”知识体系，展开中国传统聚落景观的“景观基因图谱”系统库建设工作。刘沛林先生的文章指出，基因本是一个生物学的概念，它是遗传信息的载体，可以通过复制把遗传信息传递给下一代，从而使后代表现与亲代相同的性状。[①] 此类研究工作已经得到了学术界和社会的肯定。目前广大研究者需要做的工作是继续丰富国内历史文化村镇景观基因库，把景观基因库工程体系内容做得更丰富。本书对浙西南廿八都文化景观基因开展的研究工作，一方面可以有效地保护当地景观文化，另一方面也对中国传统古村落景观基因库具有积极的建设作用。

以生物学科的基因角度看乡土景观，重点范围应放在景观基因本身的特征和处的环境中。按照对象特征分类，基因可以分为主体基因和附着基因，景观基因也同样具有这一特征。

按基因重要性与成分分类方法，聚落景观基因分为主体基因、附着基因、混合基因。主体基因是指：景观基因在古村落景观的形成中，占据主导地位的景观。附着基因是指：附着于主体景观的，同时利于加强主体景观属性的景观。混合基因是指：景观内容多样，但为该聚落特有的景观。[②]

---

① 刘沛林，刘春腊，邓运员，等．中国传统聚落景观区划及景观基因识别要素研究 [J]. 地理学报，2010（12）.

② 刘沛林．家园的景观与基因 [M]. 北京：商务印书馆，2014.

我们研究基因特征不能仅仅以生物学科单一地分析，应该从多学科进行仔细推究。基因作用的表现离不开内在环境和外在环境的影响：一方面，每个基因都有自己特定的“模式”，它能忠实地复制自己，以保持生物的基本特征；另一方面，基因也会在一定的条件下，从原来的存在形式突然改变成另一种新的存在形式，从而突然出现一个新的基因，代替了原有基因，即所说的基因突变。在景观文化基因的传承与传播过程中，往往也会发生类似的情况，一方面某种文化凭借其自身的个性和优势，不断地进行传承或传播，保持其特有的个性；另一方面景观文化基因在传承传播的过程中，为了适应环境的变化又往往会产生一定的变异，从而获得更好的传承或传播形式。乡土文化景观的发展同样也遵循着这样的发展规律。在乡土景观基因研究中，除了重点把握主体基因外，也要重视研究基因变异的工作。掌握景观变异基因的发展变化规律，要结合历史学科、景观生态学科等知识，对时代特色的自然和人类生存影响下的景观变异基因进行分析，找到不同乡土景观的不同特征以及景观变化发展的原因。各自独特的景观基因和特定的历史环境影响是构成景观差异的主要原因，也是进行有效景观识别的重要手段，进而更好地指导当地景观再生设计的可行性。[①] 以浙西南

① 刘沛林．家园的景观与基因 [M]. 北京：商务印书馆，2014.

廿八都为例，研究乡土景观基因特征以及基因变化规律，探索古乡镇景观在历史中的发展轨迹和保护措施，是对廿八都文化不同角度的深入探究，也是当前社会对传统乡土文化保护的最好实施案例。

第三节　廿八都概况

廿八都位于浙江省江山市境内，历史文化悠久，地理位置优越，其西面与江西省广丰县接壤，南面与福建省浦城县接壤，当地人常用“一脚踏三省”或者“鸡鸣三省”来形容廿八都。[①] 古镇位于三省交界处的仙霞岭山脉中。古代中原入闽路线中，多经江山后，逾仙霞岭入闽，这是最便捷的南北通道。仙霞古道便逐渐成为福建浦城北上中原的主要大道和“海上丝绸之路”的陆上运输枢纽。行人和货物“去时若流水，来时若连云”，“熙来攘往络绎不绝”。而在史料记载中，仙霞古道首先是一条兵道。

① 罗德胤．乡土记忆——廿八都古镇 [M]. 上海：上海三联书店，2009.

漫漫数千年，几多朝代更迭，几多兵家征战，遗落下几多震撼人心的故事。廿八都处于仙霞岭腹地的一个小盆地之间，依山傍水，适宜屯兵与商旅驻足停留。廿八都“因路而兴运，缘运而聚商，倚商而成市”，逐渐由兵家必争之地，发展成为商贸重镇，四方之民云集。廿八都人并因经商而致富，富甲三省边界，雄踞一方，至今仍遗留着141种姓氏、13种方言和风格多样的60余座古建筑及异彩纷呈的民风民俗。

国内学者、专家认为：“廿八都古镇的形成是我国历史市镇发展模式的一个典型，在全省乃至全国的城镇发展史和经济史上都具有重要的地位和价值。”早在1982年，我国就颁布了《中华人民共和国文物保护法》，并于当年公布了第一批历史文化名城，随后在1986年、1994年又先后公布了第二批、第三批历史文化名城。廿八都于1991年被浙江省人民政府公布为首批省级历史文化名镇，2007年廿八都入选中国历史文化名镇，2008年被命名为中国民间文化艺术之乡。

廿八都古村镇、古民居的保护是当前当地发展中的一项重要任务。历史悠久、文化资源丰富的古村落由于不同的地理位置、气候悬殊，各地古村镇、古民居的布局、风貌都带有极强的历史文脉、民族文化和地域特征。位于江南地区的廿八都古镇历史文化遗产异常丰厚，文物古迹遍布，拥有一大批具有重大历史价值的、保存完好的明清古建筑。丰富多彩的人文景观、古朴浓郁的民俗风情和独特厚重的文化积淀，使古朴淡雅的廿八都在现代文明的包围中显得异样夺目。

众多专家学者和省内外知名人士都到过廿八都，并对这里的古建筑赞不绝口，认为极具历史保护和旅游开发价值。在现代经济快速发展的浪潮中，人民的生活水平在逐渐提高，如何有效地保护和研究传统古村镇和民居具有现实意义。廿八都古镇具有很高的历史文化价值，对它的保护与传承乃至对国内其他古民居和传统历史古镇来说具有特殊的意义。

第二章

基本思路及创新期待

第一节　研究背景

廿八都位于浙江省西南端江山市境内，地处浙闽赣三省交界处，是浙江西南部通往福建、江西的交通咽喉，据江山市人民政府网站《廿八都镇概况（2019年）》一文记载，镇辖面积达186.5平方千米。它藏在深山里，与外界联系并不那么紧密。和传统江南水乡相比，由于特殊的地理位置，廿八都呈现出的景观有着截然不同的风情。它位于仙霞古道之上，具有特殊的地理条件及风土人情。又经过悠久的历史演变，它在选址及营建过程中留下了丰富的传统建筑、街道和灿烂的民俗文化。

明清时期廿八都成为仙霞古道上的商贸重镇，是当时重要的交通枢纽和驿站。当时贸易非常发达，鼎盛时期镇上有店铺数百家。镇内以从事贸易经营为主，商铺数量远大于手工作坊。当地特产有土纸、桐油、豆腐等。社会经济的发展还带动了文化教育的兴盛。廿八都始于唐代，繁盛于明清，古时曾是军事屯兵之所，有“东南锁钥”“兵家必争之地”之称。廿八都古镇辖浔里村、花桥村、枫溪村3个村和2条商业街，即浔里街和枫溪街。目前廿八都现代化交通道路便利，主要有3条交通路线：古镇东侧有406乡道（原江浦公路）和205国道穿过，古镇西侧为京台高速。因移民的影响，廿八都现存有13种不同的方言，被誉为“文化多样性之都”。浙闽赣三省交融，使仙霞岭和枫岭之间不同背景的文化在当地和谐共生，体现在军事、商业、风俗、建筑等各个领域，是一个不折不扣的特殊移民小世界。1991年10月，廿八都镇被列为浙江省首批历史文化名镇，2007年入选中国历史文化名镇。

现在学术上对廿八都的研究，多侧重于镇上的古建筑和对廿八都传统工艺的保护与开发，对于廿八都整体景观环境的研究相对沉寂，尤其是从基因学角度对廿八都景观环境的保护研究，更处于空白状态。从总体上说，对廿八都景观基因的研究还处于起步阶段。

一、廿八都文化研究

2013年，江山市委、市政府以及市委宣传部组织编撰发行了“千年古道·锦绣江山”文化丛书。丛书包含了《廿八都文化》分册内容，系统梳理了廿八都的文化脉络，包括地理位置、建筑、民俗等，充分展现了其文化魅力，是一部珍贵的文献资料。在廿八都的形成过程理论研究上有冯雨峰的《迁徙与交融——廿八都历史文化的人类学文化观察》，文章中运用文化人类学的理论与方法，着重观察研究廿八都移民迁徙和文化的交流与融合，以及人口迁徙与文化交融形成新的聚落文化类型的基本历程，从而探索和揭示廿八都文化类型形成的基本规律。朱屹在学位论文《浙西廿八都聚落形态与文化特征研究》中以廿八都的演变为出发点，从自然环境、经济构成、传统理念、社会文化等角度分析了廿八都的生成背景，揭示了其特殊地理区位下传统村落的聚居方式与当地文化之间的内在联系。

二、廿八都建筑和手工艺研究

学术界对于廿八都的研究多集中在对其建筑风格特色、形成原因以及如何保护开发的探究上，如周敏在《浙江古民居建筑风格形成因素初探——以衢州廿八都为例》中指出，廿八都建筑受地域影响较大，主要是浙式、徽式和赣式等其他地域特色的建筑风格影响；王娟洋在《历史文化廿八都的保护和开发实践——以浙江省廿八都镇为例》中阐述了廿八都保护开发项目实施后，通过保护整治历史建筑、更新完善基础设施和发展旅游经济等实践，使廿八都保护与开发利用有机结合，形成良性循环。历史上廿八都受外来移民文化影响比较多，民俗样式和手工艺种类繁多，如康君在《浙西廿八都木偶艺术研究》中就以廿八都民俗文化为背景，通过对廿八都木偶艺术的起源背景、传承发展、艺术特色以及传承现状进行分析，研究廿八都的木偶艺术。

三、研究的不足与展望

无论是学术界还是普通人民群众，对廿八都古村镇这一优秀的、乡土气息浓厚的物质文化遗产关注度都很高。但从目前的研究成果来看，还存在以下不足：（1）对于廿八都的研究多停留在建筑以及手工艺的研究上，缺乏对公共空间环境和非物质文化基因的研究，对廿八都的研究范围和内容有待适当拓展；（2）对廿八都整体景观研究尚缺乏系统性、关联性研究，没有形成完整的综合研究文献综述，没能挖掘出廿八都景观的显性基因及隐性基因，对廿八都的保护规划缺乏规范的基因图库，很少涉及蕴藏在廿八都背后的深层次艺术价值、保护传承；（3）廿八都研究的对象不能是静态的环境系统，而应以时间为导向去研究文化基因的特色与变化，研究不同时间的背景环境对廿八都产生的深刻影响；（4）针对优秀乡土景观的保护研究理论和案例较少，缺乏创新保护手段和技术方法。

第二节　基本思路

第一章已经对乡土景观和景观基因以及廿八都总体概况进行了简略概述，本章通过对相关文史文献和廿八都资料的整理，梳理出廿八都的景观基因理论，侧重对廿八都的景观基因分类、基因识别和基因图谱进行分析。把握好廿八都物质景观特征以及非物质景观特征，利用景观基因原理进行基因识别工作，分析出主体基因、附着基因、混合基因以及变异基因。并以此为出发点探索廿八都景观保护的新思路和新方法，包括景观基因符号的提取及保护的问题。

如图 2-1 所示，这是构成整个廿八都乡土景观基因研究的技术路线。本书的研究思路基本上是：首先进行廿八都以及古镇保护相关文献和背景研究；其次对廿八都景观进行分类，分为物质景观和非物质景观，确定好研究对象；再次利用基因学原理将研究基因进行细化，分出主体基因、附着基因、混合基因、变异基因，并对研究对象进行分析归类；最后通过设计，进行景观基因符号提取与表达，完善廿八都景观基因库，最终以利于更好地保护和传承廿八都古镇遗产。

本书探索的廿八都古镇景观，首先是从廿八都的“枫溪十景”入手并进行介绍的，分别选取了“水安凉风”“枫桥望月”“枫溪锁阴”“文昌古阁”“浙南民居”等景点。这些景点艺术特征显著，历史文化价值高。分析景观的文化历史和造型特征，是为下一步进行景观基因识别和景观基因图谱的建立做好铺垫。

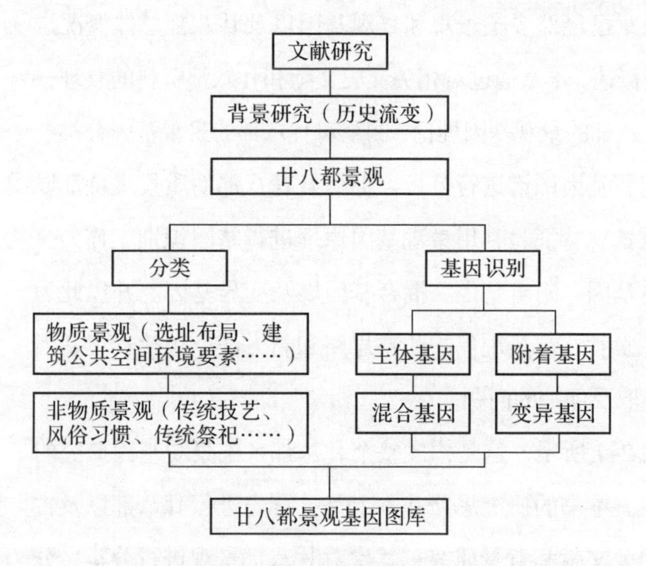

图2-1　廿八都景观基因研究理论体系

廿八都景观基因的识别工作一定要抓住景观的主要特征，而其主要特征（独特的造型形态、独特的历史文化内涵等）是其他乡镇景观不曾有的。这样，景观基因主体特征也就出来了。景观基因要进行层次划分。主体景观基因在整个乡土景观文化中占主导地位。对廿八都来说，保存完好的明清建筑就是主体景观基因。接下来研究的附着基因、混合基因以及变异基因，是研究廿八都整体景观的重要组成部分。景观基因识别是建立景观基因图谱的必然工序。

廿八都景观基因图谱构建是一个系统工程。把廿八都所有景观基因识别后，要进行梳理工作。把廿八都景观中关于整体街巷布局、建筑形态、材料与结构、装饰特征等进行提取并进行图例演示，从而建立起廿八都景观基因图谱。这样的话，一方面，有利于廿八都景观的保护工作，还可以对基于廿八都特色的景观设计工程进行指导；另一方面，通过研究可以建立起浙西南山区的人文景观基因图库，这样便丰富了中国传统聚落景观体系。

对于乡土景观的保护可以有多种表达路径与方法。本书主要从廿八都景观基因成果着手，开展对廿八都景观的数字化保护和虚拟复原工作研究。如图 2-2 所示，这里主要涉及数字化景观制作。利用三维扫描技术，可以建立与实际景观一致的数字化模型，从而使其具备完整的造型、相同的色彩纹理以及精准的尺度信息；也可以通过项目策划和廿八都景观基因图谱，采用人工建模方法，修缮已经破损或者消失不见的建筑构件；通过一定交互设计，虚拟复原有代表性的环境场景，以 VR 虚拟展示的方式，给人们带来直观的沉浸式的感受，使优秀的乡土景观文化，甚至已经消失不见的景观得到传播。这是现代数字化技术的优势，也是以后乡土景观保护的一个发展方向。

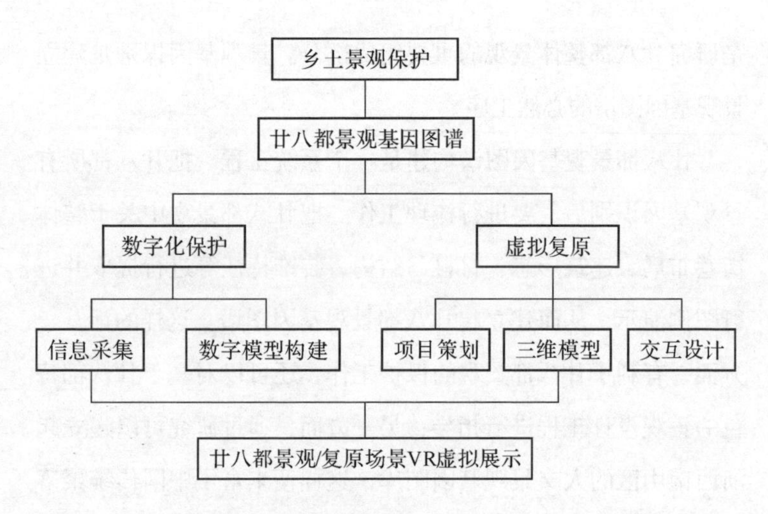

图2-2　廿八都景观保护研究路线

第三节　研究意义

廿八都被列为浙江省首批历史文化名镇后，又入选中国历史文化名镇，表明它具有深厚的乡土文化内涵。本书以时间为节点，以内外大社会、自然环境对廿八都的影响为导向，分析廿八都景观文化基因的生成环境。因此，拟以环境艺术学、基因学、景观学为学科基础，对廿八都景观文化进行深入研究：在廿八都的发展历史进程中，物质景观与非物质景观文化在外在形态及载体方面发生了变化，然而其内在的基因会延续下来，构成廿八都特有的景观文化风貌。在此基础上，详细分析了廿八都的街道格局、院落布局、建筑形态等方面的特征，以及廿八都非物质文化的特征，通过图形符号的表达，对廿八都的景观文化基因进行识别和整理。在研究廿八都景观文化特点的同时，对廿八都的保护起到积极的促进作用。对廿八都景观进行基因分析和表达研究，为廿八都保护规划提供基因图谱，并可作为传承和保护廿八都文化的理论和技术支撑。

希望本书能够起到抛砖引玉的作用，今后能够有更多学者参与到乡土景观文化的研究中来，也希望有更多的人能够关注廿八都优秀的景观文化并能很好地传承下去。本书结合实际调查和理论分析，对今后浙江省西南山区历史遗产廿八都保护具有重要的理论意义和现实意义。

理论意义：乡土景观一直是建筑学、规划学、文化学、民俗艺术学、经济地理学、旅游管理学等学科关注的热点。本课题可以丰富、完善不同学科的内容，在对廿八都景观文化研究的同时引入基因学、流动学的相关知识，推动多学科理论交叉的建设和发展。基于文化基因视角，从时间发展、社会背景、地理特征和其他因素综合出发，考察诸多因素共同作用下形成的具有历史文化价值的乡土景观现象，是对乡土景观文化保护进行的深入研究。透过现象看本质，找出乡土景观在时间洗礼下变与不变的地方以及变化规律，找出多学科更合理有效的发展切入点，综合各学科的优势，提升研究的理论高度，促进具有历史文化价值的乡土景观保护理论研究的开展。

现实意义：廿八都以其特有的自然环境和人文景观、丰富的历史文化、深厚的人文内涵，记录着不同时间段和社会环境下的形成和演变过程，其传统的建筑景观风貌及空间形态都具有很高的研究和利用价值，是浙江省乃至全国历史文化遗产的重要组成部分。本书主要针对在时间流变下的社会环境和自然生态环境造就的廿八都景观基因的多样性和复杂性进行研究分析。在对廿八都景观进行保护和改造的过程中，分析和识别其基因种类和特征，将二维和三维的景观图像及空间场景转变为可识别的符号系统加以记录和保存，有助于保护廿八都景观基因链的完整性和延续性。因此在廿八都景观成因的基础上对其基因的生成和发展、变异和混合进行分析，针对实际案例对廿八都景观基因加以识别和表达，所形成的基因图谱可作为廿八都保护规划的重要素材和数据来源，其意义在于可避免以后对廿八都景观的更新改造而引起的文化风貌的破坏，为廿八都景观的历史记忆恢复、地方感的建立，以及其他地区乡土景观保护与设计提供技术支撑。

第四节　创新和期待

本书探讨的是以乡土景观文化为主线，针对历史文化古村镇——廿八都景观基因的研究和应用工作，包括景观基因的挖掘、整理和利用，为古建筑景观的保护与规划设计提供新的思路和方法。

以前的历史乡土景观保护形式过于单一，多是停留在古建筑的保护和修缮方面，没有有效地把乡镇的非物质景观文化纳入管理体系。景观保护是一个系统性工程，应该深度研究。本书拟引入历史社会学、地理学科、艺术学流变学以及基因学的理论方法，运用多学科知识，对廿八都景观文化进行梳理，研究其具有独特性的景观文化，为廿八都文化景观内在要素的深度挖掘和科学表达探索更为合理有效的方式；利用研究成果建立起廿八都景观基因图谱，给廿八都景观建立起“档案”，从而让以后相关古迹维护和修缮以及景观设计有参考的依据；也针对目前乡土景观保护途径稍显单一、没有形成完整的体系的情况做了很好的补充。对廿八都景观文化遗产的保护与开发进行尝试性的研究，具有探索的性质。利用艺术学科数字媒体技术表现手段，根据廿八都景观基因图谱，进行清代时期廿八都虚拟复原工作，再现廿八都当年繁荣的景象。本书结合浙江省西南部廿八都景观基因的保护利用，探讨保护设计实际案例中如何结合当地的地域文化，树立新型保护措施的理念，处理保护与更新的关系，激发乡村活力，推动乡土文化的复兴。

我国目前对乡土文化的保护和开发才刚刚起步，作为历史文化遗产保护的一部分，研究具有历史价值的乡土景观保护与更新已经是迫在眉睫。对于历史文化乡村来说，如何处理好历史乡土景观保护与转型发展的关系，对于实现乡村振兴和新型农村建设以及生态文明建设都具有极为重要的意义。

第三章

大山里的古镇——廿八都

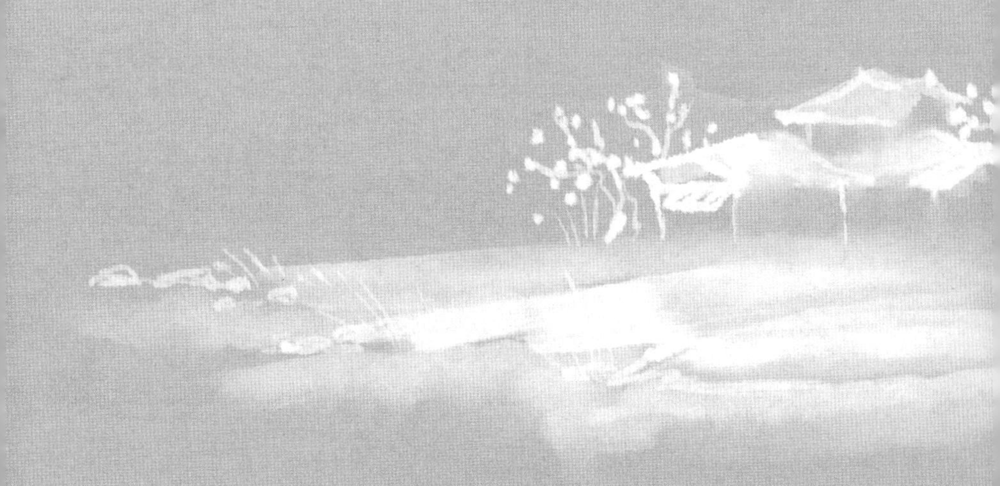

第一节　地理位置

廿八都属浙江省江山市管辖，位于浙、闽、赣三省交界处，有“一脚踏三省”之称。[①] 区域总面积为 186.5 平方千米，东西长度为 21 千米，南北长度为 9.8 千米，整体呈不规则长方形块状布局。廿八都南部与福建省浦城官路乡和盘亭交界，西部与江西省广丰县嵩峰乡交界，地理位置特殊。廿八都离本省县城中心距离要远于其他两省，似乎更方便与其他两省的交流，距离江山城区直线距离为 60 多千米，而距离福建浦城县直线距离 45 千米；距离江西广丰县直线距离 47 千米。据文献资料记载，廿八都在民国时期才改制为廿八都乡，之前规模比较小（几个自然村而已），后来随着社会的发展，廿八都镇规模越来越大，最后形成今天的格局，总计拥有 17 个行政村，130 个自然村。

宋代时期就有文献记载关于廿八都及周边的情景，当时它已经作为浙闽来往的重要通道。宋吕祖谦《入闽录》曰：“五里，相亭。自此，路皆并溪，时有佳处。十里，小干岭。下岭半，入建宁府浦城县界。五里，小枫岭。过岭望浮盖山，甚雄秀。”明代徐霞客游览南方地区就是从廿八都过境由浙入闽的。《徐

① 罗德胤 . 乡土记忆——廿八都古镇 [M]. 上海：上海三联书店，2009.

霞客游记·闽游日记》曾说道："里山至大寺约七里，路小而峻，先挤一冈，约二里，冈势北垂。越其东，坞下水皆东流，即浦城界。"

廿八都名字源于北宋时期，当时江山县下从东北方向开始按顺时针设四十四都，廿八都位列第二十八，也称二十八都，后演变为廿八都。[①] 全镇共设有 16 个行政村，其中古镇景观主要集中在枫溪村、花桥村、浔里村区域内。

廿八都的自然景观资源十分丰富，而且与人文景观紧密结合相辅相成，形成了一种独特的文化，充满了地域特色。尤其浮盖山花岗岩地貌、断裂带与一道（仙霞古道）、二关（仙霞关、枫岭关）、石鼓火山窟窿，更是其中的精品。[②]

这里最出名的应属仙霞岭山脉，廿八都地处山区，是武夷山脉的延伸。武夷山脉由福建进入浙江后被改称为仙霞岭山脉，而廿八都位于仙霞岭山脉西南部的盆地中，四面环山，全镇被仙霞岭山脉包围；廿八都水系丰富，境内的两大河流是枫溪和周村溪，在河流归属分系中分别属于钱塘江水系和闽江水系。江山港是衢江南源，是构成钱塘江上游水系的一部分。

从地理构造上来看，廿八都属于山脉断裂带地区。山体崎岖，断层面略呈现波状起伏、山体岩石裸露的特征。岩石主要

① 朱屹 . 浙西廿八都聚落形态与文化特征研究 [D]. 杭州：浙江农林大学，2015.

② 蔡恭 . 廿八都镇志 [M]. 北京：中国文史出版社，2007.

是粗粒花岗岩，由于长期受强烈风化的作用，整体岩石构造呈现怪石嶙峋、山势险峻的特征。由于特殊的地势，古人凭险设关，便是仙霞关的由来。自古以来这里就是兵家必争之地。这里山石林立，形态万千，形成无数的景观奇观。山石也是廿八都当地居民营造房屋常常取用的材料之一。

第二节　历史中的廿八都

廿八都特殊的自然景观资源和特色的人文景观紧密结合在一起，相辅相成，使当地景观更具有科学、文化的内涵。特殊的地理位置和优越的水系特征，使廿八都成为联系闽浙的重要陆地通道，尤其整个仙霞古道从廿八都中穿过，让廿八都有了“浙闽咽喉”之称。仙霞古道，在古代被称为官路，是为了方便浙江与福建的联系开辟出来的。统治者在廿八都设置驿站和兵营，仙霞古道兼具“商道”和“驻军”的双重功能，在当时尤为重要，有“东南锁钥”之称，是京城联系福建和广东地区重要的陆上交通线节点。仙霞古道全长 120 千米，北起浙江江山清湖镇码头，途经廿八都，南到福建南浦镇码头，廿八都成了中途休息点，具有驿站的功能。到了清朝时期，廿八都具备了新的使命，清初统治者为了防止南明叛乱和防范郑成功福建武装割据，在这里凭险设关，驻扎军队，设立“浙闽枫岭营”，开展防务工作。平定叛乱之后，廿八都的军事作用慢慢减退，但由于驿站的功能意义较大，廿八都发展成了仙霞古道上的商贸重镇。镇上有驿站、店铺，整个交通繁忙。

枫溪街在清代被称为湖里街，南起水安桥，北至上浔门，和北部浔里街一起构成了廿八都的商业主街。两条商业街正好在中间穿过整个古镇，旁边一侧为枫溪。商业街的路面为石条排列铺装，经过岁月洗礼后，道路显得那么古朴光滑，可以追忆当年车水马龙的热闹场景。路的两侧均有石板矮水沟，为镇上的排水系统，清澈见底的溪水流淌过街区，繁忙中略显一丝惬意。古街两旁的商铺、大户人家的住宅建筑更具特色。街道两旁多黛瓦青砖、雕梁画栋、马头墙、飞檐出挑门楼、青石板天井的四合厅、五架屋、三架屋及连堂数进的显赫建筑。[①]

廿八都镇中多藏有寺庙建筑，这些场所是廿八都人和往返商贸活动、途经于此的过客精神寄托的地方。现在古镇中规模

---

① 洪明骏. 浙江江山市廿八都古镇清代民间戏曲壁画考述 [D]. 杭州：杭州师范大学，2013.

较大的是文昌宫、水星庙、关帝庙、观音庙、东岳庙等寺庙。如表 3–1 所示，每年较大的寺庙等公共场所都会举行一些庙会活动。庙会期间水星庙、万寿宫、法云寺、关帝庙、金氏宗祠 5 个戏台有赣剧、闽剧、越剧、木偶戏等演出。三省边境数县百姓汇集，人潮涌动，无分昼夜。民国二十三年（1934）1 月，江浦公路建成通车。廿八都街市渐趋衰落。民国二十八年至二十九年江山县城有旅馆、饭店 37 家，廿八都境内却有 60 家，数量与规模乃胜过县城。[①]

表 3–1　廿八都镇的主要庙会

序号	名称	地点	时间（农历）	备注
1	大菩萨会	法云寺	五月廿六日至六月四日，历时 9 天	庙会期间，法云寺、关帝庙、水星庙、万寿宫、金氏宗祠 5 大戏台，同时演出闽剧、赣剧或杂技，并在沿街搭临时戏台，演出木偶剧
2	洪川案菩萨会	水星庙	十月一至五日	庙会的最大特点是吃荤。各地信徒宰猪宰羊，着三牲前往祈祀还愿

① 罗德胤 . 乡土记忆——廿八都古镇 [M]. 上海：上海三联书店，2009.

续表

序号	名称	地点	时间（农历）	备注
3	观音阁庙会	观音阁	二月十九日、六月十九日、九月十九日	分别为观音出生、出家、得道纪念日
4	东岳庙庙会	东岳庙	正月一日、三月廿八日和十一月一日	
5	文昌宫庙会	文昌宫	正月九、十日，二月三日，十一月四日	正月九日、十日为天、地诞辰，二月三日为文昌帝诞辰，十一月四日为孔子诞辰
6	地母庙庙会	地母庙	春三月一日，秋十月十八日	
7	上凉亭庙会	上凉亭	二月十五日、六月十五日和九月十五日	
8	保华寺庙会	保华寺	五月十三日	关羽诞辰
9	里山寺庙会	里山寺	春二月十九日，秋八月廿四日	
10	关帝庙庙会	关帝庙	五月十三日	关羽诞辰
11	水星庙太阳神庙会	水星庙	三月十九日	
12	西岳庙庙会	西岳庙	三月廿八日和十月六日	

第三节　军事重地——廿八都

廿八都位于仙霞岭山脉的崇山峻岭之中，仙霞古道穿镇而过，为京（城）福（州）驿道极其关键的一段，史称“浙闽咽喉”“东南锁钥”。在仙霞岭的三省交界处，屹立着仙霞关、枫岭关、安民关、六石关、黄坞关、木城关、茅檐岭关、太平关、二渡关、梨岭关等10道雄关。[①] 廿八都是基于驻军的退伍官兵而形成的集镇，创建于清初的浙闽枫岭营就很好地说明了这一切。廿八都北面的仙霞关和南面的枫岭关，都是历史上著名的军事要隘。清初时南明隆武朝欲借福建三面环山、一面环海的地势，先据守一方与清王朝对抗，继而图谋复明。郑成功受封“镇仙霞关”。后来，因其父郑芝龙下令撤兵，无奈孤立无援，“兵溃于仙霞关”。廿八都“枫溪十景”中，“龙山牧马”和“狩岭晴岚”就是指当年郑成功牧马和狩猎的两座山。

> 《大清一统志》称：“自仙霞岭辟，而衢州之形势尤重矣。宋建炎、绍兴（年间），将削平江、闽群贼，往往战于仙霞（岭）南北。元、明之交，处、建、衢三州，尺寸之间皆战场也。”

① 蔡恭．廿八都镇志[M]．北京：中国文史出版社，2007．

《仙霞关图说》称："浙为东南屏蔽，衢又为浙之重镇，而仙霞岭又衢州一府扼要地也。……浙之有仙霞，犹蜀之有剑阁也。"

廿八都的军事史真正的开端应该在唐代。黄巢起义就是由江西取道，开辟仙霞古道进入浙江，然后北上攻克安徽宣州（今宣城）。宋代苗傅、刘正彦叛乱，率领叛军攻打衢州，后遭到围剿，兵败到廿八都上山做了土匪。到了清代顺治十一年（1654），统治者在浙闽交界地的枫岭设置浙闽枫岭营，统管仙霞岭沿线之防务[①]（如图 3-1 所示），并监视福建及台湾军情。浙闽枫岭营是由浙江和福建各派一名三品官员任官员，兵力两省各出一半，兵饷自管，营署就设在廿八都，兵力总数达千人之多。同治《江山县志》对康熙年间枫岭营署的地界描述是"东、西、南三面悉界溪河"，这相当于现在整个浔里村的范围了，说明浔里村和浔里街是在驻军的基础上发展而来的。

康熙年间，靖南王耿精忠举兵叛乱，也是通过攻克廿八都进入浙江的。浙江总督李之芳在仙霞岭一带多次打败叛军。最后清军经廿八都进入福建浦城，叛军投降。也就是在枫岭营设立之后的一段时间，廿八都接连出了两名武进士和两名武举人：

① 罗德胤. 乡土记忆——廿八都古镇 [M]. 上海：上海三联书店，2009.

康熙三十八年（1699）有举人金之捷，康熙五十二年（1713）有武进士金之抡和林逢恩，雍正四年（1726）有举人金汤。

图3-1　浔里街浙闽枫岭营总府

除枫岭营署外，廿八都还有一处建筑和一处场地与驻兵有密切关系。它们是忠义祠和操场坪。枫溪河西面的开叉河两侧，是大面积的田地，其东侧田地的北面有一座名为“仓乌山”的小山，小山南麓有一座“忠义祠”，忠义祠的南面山脚下就是操场坪。操场坪是驻兵操练的地方，名列“枫溪十景”之一，即“西场骑射”，清光绪版《枫溪金氏宗谱》“阳基图”中有描绘。

廿八都浔里街里有一处文官衙门，又叫县丞署。光绪年间廿八都的武官衙门因为营署已被烧毁大半，被移入县丞署。据同治版《江山县志》记载，县丞署两次由江山市区移驻廿八都，说明官府对廿八都的重视。文官衙门在乾隆二十八年（1763）驻军廿八都，用的是枫岭营署营盘内的地块，其职责是辅助知县管理一县事务，并将县丞署移驻到廿八都，说明当时民事管理已增加到一定程度。乾隆年间的枫岭营盘和浔里村，已经融合成一个新的商业性质的居民区。在光绪版廿八都《枫溪金氏宗谱》“阳基图”中，从西园门往东至浔里街的路上，分布有两座牌坊式的三开间大门，两座牌坊门的北面，有一幢重檐歇山顶的建筑，便是文官衙门。

太平天国石达开率领部队由江西经过廿八都，进入浙江江山和福建浦城。民国北伐时期，北伐军东路何应钦统帅部队由福建经廿八都进入浙江，击溃孙传芳残部。抗日战争时期，廿八都作为抗战大后方发挥了特殊而重要的作用。1942 年之前仙霞岭的山区作为“抗战后方”，接收了大批南迁的机构和难民。可见，在中国近现代史上，廿八都作为江西、福建进入浙江的必经地之一，战略位置是很重要的。

地处交通要道而又为群山阻隔的廿八都，是江山境内最重要的迁入地之一。抗日战争时期，迁入廿八都的机构有杭州私立大陆高级测量职业学校、东南日报社、第二十后方军医院、陆军第十九兵站医院等。杭州私立大陆高级测量职业学校在廿八都两年多（1938—1940 年），曾利用姜家粮仓作为教学场所（姜家粮仓位于浔里街西北角），如图 3–2 所示。第二十后方军医院于 1940 年 6 月迁入廿八都，伤员住进法云寺和隆兴社。陆军第十九兵站医院于 1941 年 7 月迁入枫溪村曹玉书宅。东南日报社是将廿八都作为从江山县城迁往福建南平的过渡地，在廿八都镇上的时间较短。东南日报社大约是 1942 年 6 月到 8 月在廿八都，当时浔里街东侧的一大片建筑，“南至东升桥西，北至浔里街 8 号，整片祝应驹的宅子”，以及祝家的店铺和其他房子，都被用作报社临时的办公室和住宅。作为抗战重要防线的廿八都起了重要的作用。后来随着战势的变化，很多机构又迁离了廿八都，但是有些机构和部分因战争迁入的人群选择留在廿八都继续工作、生活并安家落户，成为新的移民。

在抗战时期，廿八都也遭受了一定的破坏。1942 年日军发动浙赣战役，在攻占衢州后分兵南下仙霞关，欲打通浙闽线，一部分由江山南下，企图南进攻打福建，共分 5 路从不同方向进犯仙霞关。据时任一零五师副师长刘汉玉撰写的回忆录，曾北上参加浙赣战役的福建四十九军，在主力部队撤退回福建的过程中，以一零五师为后卫部队，驻守于仙霞关一带，阻止日军南下，其师部就设在廿八都。他们在廿八都附近设置三道防线，

图3-2　浔里街的姜家粮仓（前面已改建为停车场）

从而有效阻击了日军的计划。日军当时动用了飞机、大炮狂轰滥炸，依然没能突破廿八都防线，只得撤回金华，故而日军至终没有侵犯福建，这也是南方地区抗战转折点之一。由于日军的轰炸，致使廿八都镇上的关帝庙、观音阁、姜遇鸿住宅等许多建筑被损毁。当时的国民党官兵数量很多，而镇上又没有专门的兵营，很多士兵就分散住到老百姓家里。[①]

这里还是戴笠的故乡。廿八都镇现在还存有戴笠工作、生活过的房屋。

① 罗德胤．乡土记忆——廿八都古镇 [M]. 上海：上海三联书店，2009.

第四节　廿八都镇商业活动

中国传统村落多数是在以血缘来维持组织关系、以农业生产为谋生手段、实践耕读传家的理念的基础上逐步发展起来的，然而廿八都作为三省交界处是，受移民因素的影响，整个古镇没有形成一个完全统领地位的宗族体系。廿八都四面环山的地理环境，不适合大面积开垦拓荒。在早期的农耕时代，廿八都是落后的，人烟稀少。又受制于落后的交通条件，廿八都凭借先天不足的资源条件并不能谋求更大发展。廿八都真正的发展还是归功于仙霞古道的开辟，交通的便利带来了人口的流动，逐步发展成为商业重镇，可以说是“因路而兴运，缘运而聚商，倚商而成市”。仙霞古道从明末清初开始，逐渐成为闽浙赣三省商旅往来的重要通道。

浙江所产的布匹日用品被运至清湖码头靠岸，然后转陆路由挑夫运送至闽赣。而来自闽赣地区的土产也由清湖码头装船送往沪杭金衢各地。由此廿八都作为过往货物中转必经的第一枢纽，迅速成为三省边境最繁华的商埠。[①] 廿八都是因为交通运

① 朱屹. 浙西廿八都聚落形态与文化特征研究 [D]. 杭州：浙江农林大学，2015.

输和驻军而发展起来的集镇。特殊的地理位置给廿八都地区带来了发展机遇。它不同于一般的乡镇，具有独具特色的历史背景。当时贸易非常发达，鼎盛时期，镇上有店铺 150 余家。[①] 廿八都每天的货物交易量很大，所以古镇上有很多的店铺，经营范围很广。其实廿八都也有自己特色的产业，如生产豆腐、土纸，远近闻名。繁荣的时候廿八都拥有两条规模较大的商业街，即浔里街和枫溪街。古街道见证着古镇昔日的繁荣。古老的块石砌筑路面，街道两旁多泥墙瓦房。当时的商旅、挑夫、轿舆、官兵就从这里经过。

如图 3–4 所示，浔里街北起上浔门，南至关帝庙前，全长约 340 米，街上店铺总计约 60 家；枫溪街北起水星庙，南至江西会馆，全长约 500 米，街上店铺总计约 60 家。除了比较出名的两个商业街区外，还有老街，也称为后街，这条后街位于浔里街西侧，它是与浔里街平行的一条街道，北起操场坪，南至关帝庙西面，全长 200 多米，这是一条“过境路”，这里经营的商铺较少，主要给不愿进入浔里街的挑夫、客商们行走。

当年廿八都不仅白天生意兴隆，晚上更是热闹非凡。这从当地的庙会、夜市就可见一斑。廿八都有商铺、客栈、饭店等上百家，各种商铺商品琳琅满目，应有尽有，如纸业、绸布、

① 蔡恭，祝龙兴 . 廿八都镇志 [M]. 北京：中国文史出版社，2007.

图3-3　浔里街街景

米行、百货、文具等。商旅、挑夫每天来来往往，络绎不绝，持续了好几百年。据分析，早期廿八都的商业活动主要由 3 个部分组成：一是因古道兴盛而崛起的运输业；二是因商旅留宿而产生的相关服务行业，如饭店和旅馆；三是由当地盛产的毛竹衍生出的土纸制造业等。

旧时作为仙霞古道上三省交界的商品集散地，廿八都贸易兴盛，店铺林立，社会各阶级贫富差距悬殊。到了晚清时期，镇上形成了“四大家族”，即姜、杨、曹、金四姓家族，另外在周边村落也形成了家族型商业集团。姜氏家族鼎盛时期，在廿八都本地的商号就有 10 家，其中有“姜隆兴号钱庄”“姜源兴号钱庄”“姜隆兴镛记绸布庄”“姜元春纸行”“德春堂药店”等。姜氏家族在杭州、宁波有商贸代理机构，涉及对外贸易。在百年的时光中，姜氏家族在当地声势显赫，有“冠盖闽北”之称。杨氏是廿八都第一纸业大亨，垄断了区域的经营，主要开办纸槽和经营纸张，后来也开设绸布庄、染坊、烟店等，实行多种经营。曹氏家族以农业为主，在廿八都经营米行、饭店、豆腐酒馆等，信条为“以末起家，以本守之”。金氏家族信条为“书礼传家”，重视文化，积极走仕途。读书同样被廿八都其他人重视，在镇上盖有一座小文昌阁。

在抗战时期，廿八都作为后方阵地，遭受过日军轰炸，贸易活动遭受毁灭性打击，开始走向了衰落。新中国成立后，廿八都在人民政府的支持帮助下，建立了私营和公私合营的商行，商业活动得到了恢复和发展。但随着江浦公路的通车，仙霞古道日趋衰落，廿八都也大不如以前繁华。到了 1991 年，浙江省人民政府将廿八都列为首批浙江省历史文化名镇。廿八都开始迎来了新的转机，被人们逐渐关注，旅游业发展兴盛起来，商业得到了迅速的发展。乡镇的第三产业以农家乐观光旅游为主，当下集中于镇北的枫溪村，在 2011 年被评为浙江省农家乐特色村。至 2014 年全村从事农家乐经营或农特产品产销的农户有 140 多户，从业人口 520 多人，有农家乐经营户 29 户，其中三星级 11 家，二星级 18 家，每年可接待 12 万人次以上。

第五节　廿八都风俗礼教

风水观念在传统乡土景观文化中占有很重要的地位，它俨然成了指导乡土建筑营造和规划的重要指导思想。廿八都聚居五湖四海之客民，在移民大通融的背景下形成了一致的廿八都风水观念。中国传统的思想观念儒家的“忠孝仁义”、佛家的“因果相生”、道家的“天人合一”也在廿八都风俗礼教中表现得淋漓尽致。

首先廿八都的寺庙甚多，除了关帝庙、相亭寺、地母庙、西岳庙、东岳庙、大寺庙、水星庙、观音阁、雷神庙，各村另有社公庙。廿八都人一般信仰比较集中，读书人信仰儒教，文昌宫和文昌阁人气最足，拜孔夫子；官兵信道比较多，关帝庙关公像前香火旺盛，保佑平安，也有路过的商人祈求财运亨通，如图 3–5 所示。每年正月初九（天生日）、初十（地生日），二月初三（文昌帝生日）和十一月初四（孔子生日），信儒教的读书人要去文昌阁斋戒念经。其他各寺庙均按各菩萨诞辰等举办庙会，演台戏，信徒云集。如图 3–6 所示，观音阁主要供奉观世音菩萨和佛教其他代表人物，廿八都人每逢庙会都会前来上香祈福。观世音菩萨在佛教界受到非常高的礼遇和崇拜，廿八都人拜观世音菩萨祈求家人平安、如意吉祥、消灾解难、健康长寿、子孙兴旺、财源广进。

在平时农耕，廿八都人也会注重风水习俗。插秧时节，会选择吉日插秧，称“开秧门”，插秧人被敬称为栽田官。“栽田官，割谷客”，第二天农人家里都会准备丰盛的菜肴，邀请亲朋好友陪栽田官吃饭，以求好运连连，有好收成。在建房和乔迁的时候就会更注意了。在建房时会专门请阴阳先生择地基、定门向。建房动土的时候会择吉日，献三牲（牛羊猪），拜过土

图3-4　关帝庙

图3-5　观音殿

地神后才开工。房屋上梁时颇为隆重。中梁必须以椿树（民间称树王，为中梁首选木材）或其他上好木料制作。伐木前，树上梁披红布，以三牲、纸烛等拜祭。砍伐后不能让人跨越、垫坐。抬至工场，不能摆放在地，要架高。竖柱前，石基与柱头之间垫以粽叶。所有柱梁架好后，仅留中梁。然后选择吉时良辰，事先在各柱、梁上遍贴楹联，时辰一到鞭炮齐鸣，架上中梁。土、木师傅爬到屋上各占中梁一头，抛撒五色子让大家抢接。梁上土、木师傅边抛撒，边对唱、喝彩并象征性地接一点，其余让大家接抢。

廿八都镇建筑体量最宏大的是浔里街的文昌宫，如图 3-7 所示。文昌宫主要有两大功能，一是供奉祭祀神灵——文昌帝和魁星；二是用来作为地方学子读书会文的场所，起到了书院的作用。每年农历正月初九、初十的天、地诞辰，二月初三文昌帝诞辰和十一月初四孔子诞辰，文昌宫都要举行隆重的庆典仪式。凡是年满 16 岁的读书人、文昌宫信徒都要参加。文星神为主大贵吉星，是主宰功名禄位之神，凡求功名者都要顶礼膜拜[①]，行三跪九叩之礼，场面极为壮观。“魁”有首之意，与“奎”谐音，科举得第就称“魁”。人们崇拜魁星，各地均建魁星楼阁。中国传统道教则把文昌帝人化而后神化，纳入道教诸神，成了读书人膜拜的对象。寝殿两侧的偏殿分别供奉着朱夫子和邹恩师的灵牌，每月初一和十五，都有学子在寝殿聚会交流，学子们也会创作对联来激励自己勤学，如“古人所重在大节，君子于学无常师”；“泽以长流乃称远，山因直上而成高”。

这种风水观念的产生正迎合了廿八都村民内心的两个最大的愿望：一为人丁兴旺；二为科甲连捷。风水的好坏，关系到廿八都建筑景观的地理格局。在乡土社会中，宗法往往是风水事业的主要推动者。宗法时代，宗族稳定和发展的必要前提是

① 蔡恭，祝龙兴 . 廿八都镇志 [M]. 北京：中国文史出版社，2007.

图3-6　文昌宫（多图展示）

成员乐于在一方土地上世代居住下去。在现代科技不发达的时期，风水之术是宗法社会用来安定人心、凝聚宗族的一种手段。中国封建社会建立起来的礼制深深影响了华夏大地。作为中国传统文化的主流，经过几千年的时间，儒家文化早已渗透到物质文化和精神文化的各个领域。礼制对于中国古代社会文化的影响具有普遍性，这也直接或间接地影响了中国传统乡土景观的营造。

传统民居建筑向来是我国文化重要的物质载体之一，势必受到儒家思想的浸染。儒家文化的精髓“忠、孝、仁、义”都折射在廿八都的景观文化中。几千年的历史文明中，礼制观念和等级制度始终制约着廿八都人的居家和社会行为方式。传统的礼仪法度作为一种历史的法则，总体上通过礼仪定式与礼制规范约束个体的行为与思想，通过规定人与人之间的关系礼法来维护社会秩序的稳定。“礼仪”多集中体现在传统民居住宅中，具体在景观中体现为民居住宅中住房的次序，长幼有别、尊卑有序。礼制反映在建筑上是对于建筑形制和建筑内容的规范。在廿八都，一般来讲，厅堂为整个家庭的最主要场所，两侧房间为主人的卧室，子女的住房为厢房；当儿子结婚后，新人会搬入主卧室，父母退出来搬入次卧居住。

乡土景观从根源上，可以说是乡土文化表现的载体之一，作为具有代表性的浙西南乡土文化，廿八都在中国传统文化影响下演绎着社会大发展，留下了深刻的时代烙印。从开始的农耕文明，信奉“天人合一”，到后来的商贾云集，成为贸易运输中的集镇以及驻军的重要场所，廿八都居民在历史变迁中，在物质、精神、制度共同的作用下，繁衍生息。

第四章

古建筑景观艺术魅力

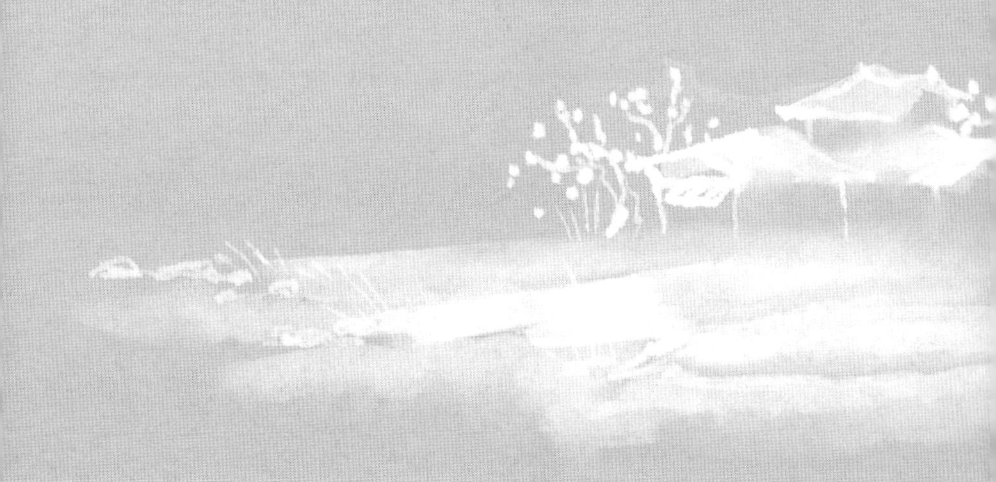

第一节　廿八都的古建筑景观

廿八都的建筑景观受地理环境和历史文化的影响，整体上具有多样性、复杂性和包容性的特征。廿八都的民居建筑风格受地理环境的影响显著，起初受浙、皖文化风格影响深刻。但由于其地处浙江、福建、江西三省交汇处，民居建筑风格还受到了江西、闽北建筑的影响，因此廿八都建筑具有一些综合性的艺术风格特征；更由于廿八都原始居民多为来自全国的守军后裔和南来北往的商家传人，外来文化的影响多样且丰富，对建筑形制和艺术风格的营造造成了一定的影响。以前陆路由浙江省进入福建省或者由福建省进入浙江省，都是经由廿八都，廿八都是中途驿站，人来人往的经济活动给廿八都带来了商业生机。所以廿八都的建筑风格具备多样性、复杂性和包容性，是一个典型的移民综合体影响下的建筑群体。

廿八都古镇保存明清时期和民国建筑最多的应该属民居类建筑，其中规模较大、保存完好的建筑多达 44 幢[①]，主要集中在浔里街附近。民居建筑主要为混合式木梁架结构，即抬梁式和穿斗式的综合应用；建筑外墙多为青砖，屋顶是灰色的瓦片；

① 蔡恭，祝龙兴．廿八都镇志 [M]. 北京：中国文史出版社，2007.

建筑色调整体为黑白、灰色，显得古朴、苍劲，风格受徽派和浙江本地影响显著，同时又受外来文化影响。如图 4–1 所示，外墙装饰图案为常见的传统欧式曲线植物纹样，圆内图案却是

图4–1　民居外墙“中西合璧”的装饰纹样（多图展示）

中国传统龙的形象。廿八都的乡土建筑也多受周边风格的影响，在几百年的发展中形成了具有自己特色的形式风格，建筑营造和装饰语言丰富。廿八都住宅建筑保持着很高的质量，是研究浙西乃至浙江省特色民居建筑的良好参照案例。

廿八都镇中规模最大的民间住宅建筑应是姜遇鸿住宅（如图 4–2 所示），其住宅建筑占地面积大约 1700 平方米，总共用了 10 年时间建成。姜遇鸿是廿八都镇的大户，在镇上经营钱庄，其住宅和店铺建筑质量都很高。姜姓，是廿八都四大家族之一，财力雄厚，民居建筑质量高。其中姜遇鸿住宅、姜秉镛住宅、姜秉书住宅、姜守全住宅都是浔里街上代表性的民居住宅。其他三大家族也有典型的民居建筑代表，如浔里街的杨瑞球住宅，花桥村的杨通秀住宅、金品佳住宅，以及枫溪村的曹玉书住宅等。

廿八都原有公共古建筑近百座，保存下来的建筑有 20 余处。今有文昌宫、东岳宫、水星庙、万寿宫、文昌阁、忠义祠、关帝庙、里山寺等尚存。[①] 公共建筑中面积最大、最为宏伟的是位于浔里街西侧的文昌宫，为清代宣统元年（1909）营造，建筑占地近 1700 平方米，布局为三进四天井五开间。在廿八都镇共有两处文昌宫，另外一座文昌宫规模不及浔里街文昌宫，位置在枫溪村定家大院后门山脚处，建筑面积在 550 多平方米，论建筑面

---

① 蔡恭，祝龙兴 . 廿八都镇志 [M]. 北京：中国文史出版社，2007.

图4-2　姜遇鸿住宅（多图展示）

积和影响力均不及浔里街的文昌宫。文昌宫供奉的是掌管文运的神，如文昌君、魁星、孔子等。廿八都是因为驻军和商贸形成的古镇，所以对“武财神”也特别青睐。至今浔里街的南端口还有一座关帝庙。关帝庙门前为戏台，很是热闹，足以见证曾经的繁华。

廿八都的寺庙很多，有万寿宫（如图 4–3 所示）、东岳庙、法云寺、水星庙等，供奉着不同的神灵，分管人的生死、自然灾难、祈福送子等，这些都集中表现了廿八都人的信仰以及当地的社

图4–3　万寿宫

会背景情况。如图 4–4 所示，坐落在枫溪街头的是建于清同治七年的水星庙。这里前进有戏台，后进是供奉真武大帝和道教诸神的大殿。中国传统的道家信仰文化在廿八都被表现得淋漓尽致。廿八都现存九大景观（如表 4–1 所示）中有两处桥梁比较有名，一座是位于枫溪街南段的水安桥，另外一座是位于枫溪街与浔里街交界处的枫溪桥。

桥名水安跨村南，苍山碧水熏风凉。
景宜朝夕晨午晚，人流四季俱芬芳。
（出自地方志——当地文人咏“水安凉风”）

图4–4　水星庙

表 4-1　廿八都九大景观

序号	名称	地点	主要景观
1	文昌古阁	浔里村	包括观音阁以及入口戏台广场等
2	民俗汇览	浔里村	古民居改造成民俗风情博物馆
3	枫桥望月	花桥村	传统十景之一
4	水星古刹	花桥村	古道观、古戏台
5	江西会馆	枫溪村	万寿宫、古戏台
6	浙南民居	浔里村	选择典型民居展示
7	流水人家	枫溪村	枫溪村北面一段古街临水，颇有意境
8	枫溪锁阴	枫溪村	修复古“枫溪锁阴”拱门
9	水安凉风	枫溪村	传统十景之一

第二节　古民居景观艺术赏析

本节是以廿八都民居建筑景观为研究对象，通过文献资料归纳总结法及现场实践调研，探索廿八都民居建筑景观的空间特征、空间布局以及界面装饰艺术文化特色，并结合特殊的环境因素分析其产生的原因，以期对研究浙江省西南山区乡土建筑提供一定的参考价值。

一、住宅形制和内部空间

廿八都民居建筑受周边环境影响显著，住宅形制与浙西、皖南、赣东地区相似，多为四合院形制。这种四合院建筑有高大的外墙，外墙的营造是重功能轻装饰，简单实用。高大的外墙围合成了很高的私密内部空间，营造较为精致。建筑性格归纳为传统内向型，深受儒学思想的影响。廿八都传统民居建筑根据建筑面积，对建筑形制进行了分类，通常认为有小户人家的三开间单天井、一般人家的五开间单天井、大户人家的五开间三天井。根据功能进行分区，基本上可以分为厅堂、厢房、天井、楼房等。住宅建筑多采用传统徽派四合院形式，沿着中心轴线对称布局，格局较为规整。

从大门进入院内，入眼首先是天井。天井是廿八都民居住宅的核心部分，天井造型为长方形，下沉式置于院子中央；中间为石条通道，供人行走；石条两侧为水池。天井的实际功能是采光、通风、汇集雨水，常年存水以防备火灾，另外天井也被赋予了“四水归堂”的美好寓意。天井的存在，增加了庭院的趣味性，周边再布置几坛花草，集中反映出了当地居民对耕读生活及自然山水的审美情趣，如图 4–5 所示。天井东西两侧独立相对的房间，即东西厢房。根据需求的不同，房间的作用是不一样的。厢房一般为子女的住房，长子多住东厢房，其他子女住西厢房；书香人家也会把西厢房布置为书房，窗户朝东朝向天井的位置；农户会把西厢房布置为放置工具和粮食的地方。

图4-5　百思堂民居厅堂布置

天井正对面的空间是厅堂，也被称为“上堂”，是整个家庭最重要的公共生活中心，布局为开敞式，面积较其他房间宽敞。厅堂是整个家庭的生活中心，发挥着现代起居室的功能。人们的日常活动都在这进行，包括平时会客、过年过节祭拜以及男婚女嫁仪式等活动。上堂的布置及家具陈列一般也比较讲究。通常大厅的后柱子位置设置木隔墙，起着空间分隔界定的作用，当地称木简壁。壁前正中放置长方形几案，也称供案或条案，条案上主要是供奉神灵或者先人的牌位，旁边有香炉烛台。条案两旁挂有楹联，内容多为婚庆或者祝寿等。条案前放置一张八仙桌，两侧置太师椅和茶几等家具，便于日常家人和会客之用。

位于厅堂两侧的房间，也称为次间，通常面向堂屋开门，是主人的卧室。通常主人的房间要比厢房的面积略大一些，墙面设置有窗户，对着天井进行采光和通风。卧室空间较为私密，空间围合材料的选择较为用心。一般室内铺架空地板，墙面装木护墙板，保持干燥整洁。一些居民住宅内有两层楼。由于阳光直射，楼上夏季温度较楼下高许多，一般不住人，多数仅用作储物。但也有少数人家楼上作为厅堂和居室，楼梯的位置通常设在上堂的木简壁后面或东西厢。

二、装饰艺术

廿八都住宅建筑最具特色的地方是大门和门楼。当地凡是有一定地位和规模的人家都会把这两个地方进行精雕细琢。廿八都的墙面艺术具有较高的研究价值。廿八都的住宅为内向式的空间布局。建筑外部是高大的墙面，基本样式一样。为了区分地位和身份，他们仅仅对入口门楼进行刻意处理。廿八都的大门造型形式不同于周边其他地方，具体表现为样式和材料的多样性。如图 4–6、图 4–7 所示，廿八都的门楼多为木结构，精美的雕刻工艺反映出当地工匠的工艺水平。门楼造型的层次很丰富，多为两三层，并且前后空间错开，视觉美感有了很大提升。多个门楼层次必然会增加相应建筑构件，因此多为四柱

图4–6　姜守全宅门楼

图4-7 杨通敬宅门楼

三楼双挑檐式，装饰柱子更多。门楼由梁、枋、檐、望板和垂莲柱等构成。上部覆有瓦片和瓦当构成顶部，门楼的檐角处为弧形造型，微微翘起，轻盈秀美。檐口下有斜撑构件，斜撑多以“牛腿”进行装饰。“牛腿”是钱塘流域建筑特有的装饰构件，被广泛运用在廿八都民居建筑上。

门楼采用木雕刻的语言手法，题材多样，多具有美好寓意，如题材多是八仙、卷草纹装饰或松鹤延年等，如图 4-8 所示。门楼下面门框采用石雕或者砖雕进行装饰，内容常雕刻有蕴含可斩妖辟邪、逢凶化吉之意的八卦图案。最具有代表性的为浔里街杨瑞球的住宅门楼，雕刻工艺精美，题材选择唐代英雄人物尉迟恭和秦琼，具有较高的文化艺术价值。廿八都民居建筑大门一般为双扇对开，门外多包铁皮，以铁钉钉出精美纹样。大门的两侧贴有对联，一般过节或者一些其他活动常更新内容，以励志读书考取功名、招财进宝或者勤俭持家等内容居多。大门的中部设铜或铁门钹一对，附门环，供拍门和上锁之用。门内使用门杠，具备防盗的作用。大门前常常做台阶和高高的石门槛，也是为了凸显主人的地位。门前宽敞的地方，也是民居人家喜欢装饰的重点地方，如有的人家用卵石铺砌成阴阳八卦

图4-8　门楼装饰八仙题材

图案，以求达成趋吉避凶的意愿。

三、营造材料

廿八都民居的外墙材料，普通人家采用夯土墙，大户人家为开斗清水砖墙，青砖规整，灰缝均密，唯檐下分两砖宽细长白灰浆，上绘花鸟装饰，这种手法技术是受到江西民居风格的影响。民居建筑的外墙十分高大，使墙内部空间显得十分神秘。建筑仅在二楼部分开小窗，窗侧墙做成外窄内宽的造型。水平长条的檐下装饰有小的窗洞，和大面积的外墙形成极其强烈的戏剧性对比。窗户的纹样造型丰富多彩，尤其是小窗内装木插板，外以砖雕装饰成各种装饰纹样，而且雕刻手法很多，浮雕、圆雕和透雕手段常见，可见当时工匠水平之高。窗户的雕刻题材多样，刻画生动形象，极具艺术价值。

马头墙也是廿八都民居建筑比较常见和富有表现力的地方之一，受徽派建筑风格影响较为显著。如图 4–9 所示，其具有节奏感的高低错落形式，青瓦白墙，这种逐层跌落的山墙在当地被称为“三花山墙”或者“五花山墙”。白墙与青砖的搭配，如同水墨画一样的走笔、回峰，使得特色的艺术形态发挥得淋漓尽致。本来马头墙的功能是防火防盗，在这里被赋予新的内涵，成为美化装饰的重点区域。石砖上雕刻有寓意吉祥的装饰图案。廿八都的马头墙装饰的价值便是其恰到好处地融合了更多的乡

土气息。艺术与生活的贴近，是廿八都民居景观特色建筑营造

图4-9　民居建筑景观外墙

的亮点。当地浓厚的乡土文化是廿八都建筑的文化基因，也是艺术创作的精髓所在。

廿八都民居建筑在地面处理上也较为独特。村镇居民喜欢用卵石进行装饰。富裕的大户人家会在门外宽敞地带铺设卵石，美观漂亮，并以八卦图或者其他吉祥装饰图案进行铺设，达到祈福辟邪的美好寓意。在民居建筑内厅堂中，常见一种叫水地罗的地面，做法是首先将卵石夹砂、生石灰及黏土按一定比例混合拌匀铺成具有厚度的垫层；基础层做好后，将卵石等块状物掺入下部，然后刮平、压实和拍光；拍光的过程很特别，是利用烟煤加酒进行调和，加入细生石灰搅拌成浆糊状，刷在垫层上，晾干后用木制工具进行拍光；如此刷浆拍光数次，最后用细绳压印分格即成。这样做成的地面非常坚实平整，颜色为青灰色，防潮而绝不起灰，如同现代的水泥地面，甚至优于现代的水泥地面。

第三节　文昌古阁

廿八都文昌宫具有浓厚的历史、艺术文化价值。本节以廿八都文昌宫为研究对象，通过文献法、田野考察法等研究方法，探索廿八都文昌宫的形制、装饰、材料等方面的艺术特征及其折射出的浙西山区民间的文化特征。

廿八都位于浙江省西部江山市，三省交界，分别与赣、闽接壤，群山环抱，是因驻军和商贸活动形成的。这里军事上素有“操七闽之关键，巩两浙之藩篱”之称，经济上则为“沟通两浙陆路交通，活跃浙闽经济交流”。[①]

廿八都现存多处明清古建筑群，具备保存较完好和历史文化背景深厚的特征，其中规模最宏大的建筑单体为位于浔里街的文昌宫，又称文昌阁。文昌宫建于清宣统元年，历经3年竣工，为当时乡绅倡议集资兴建。文昌宫位于全镇的中心位置，而且地势最高，在全镇建筑群中统领全局，是全镇文化教育生活中心。

文昌宫，在我国江南地区又称作文昌阁或奎星阁。《史记·天官书》曰：“斗魁戴匡六星曰文昌宫：一曰上将，二曰次将，三曰贵相，四曰司命，五曰司中，六曰司禄。”文昌为六星，在斗魁之前主持文运，也称文曲星。在东汉时，民间已有“奎主文章”的信仰。东汉宋均注《孝经·授神契》一文中“奎主文章”句时曾写道：“奎星屈曲相钩，似文字之划。”文曲星被人们认为是专门掌管考取功名的神仙。文昌宫是供奉文曲星的地方，在古代科举和文化宣传中具有重要的地位。在中国漫

① 罗德胤．廿八都古镇 [M]. 上海：上海三联书店，2009.

长的封建社会中，自唐代兴科举以来，人们通过开科取士的科举制度进入统治者的行列。对于广大的乡村青年来说，“耕可致富，读可荣身”[①]，唯有把十年苦读作为进仕修身的重要手段。乡间青年学子多在科举制度的激励之下攻读经书，试图挤入仕途，光宗耀祖。到了清代中晚期科举更盛，南方各省许多城市、村镇都修建了文昌阁。文昌阁既是当地人供奉文昌帝君和魁星的庙宇，也是当地学子学习和交流的场所。

一、形制特征

廿八都文昌宫，平面呈纵长方形，坐北朝南，建筑整体宽约 26 米，进深约 45 米，占地面积共 1600 余平方米，是廿八都镇现存规模最大、质量最高的建筑，如图 4–10 所示。[②]文昌宫为三进四天井五开间建筑，整个建筑呈中轴线对称布局，依次为照壁、门庭、正门、前殿、天井、正殿、天井、寝殿。文昌宫横向由主院与东、西跨院组成，以檐廊相连接，主体建筑为单层硬山顶；正殿为三层重檐歇山顶。文昌宫建筑飞檐翘角极具特色，丰富而又层次分明。大门前为院坪，院坪两侧各种一棵桂花树，中间地坪用小鹅卵石砌出太极八卦的图案。入口处，

① 刘沛林 . 家园的景观与基因 [M]. 北京：商务印书馆，2014.

② 陈凌广 . 浙西祠堂文化艺术浅探 [D]. 杭州：中国美术学院，2010.

牌坊式的大门位于南面外墙正中，门洞上方伸出四个门簪（门当），上有雕刻着“文昌宫”的门匾。文昌宫前天井长近 14 米，宽 7 米有余，后天井长一致，宽度较窄，左右厢房有小天井。正面门顶设砖雕门额，有福禄寿喜 4 个雕花石门当。一进明间为前殿、两边厢房梁架构造为抬梁式，靠墙为穿斗式；二进为正殿，三层楼阁，两侧设前后廊；三进为寝殿，地面较高，天井沿梁架为抬梁式。正殿为三层结构：一层室内供奉的是文昌君，二层供奉的是仓颉，三层供奉的是魁星。院落中间放着一个鼓形的旗杆石墩，高约 60 厘米，中有眼，可插旗杆，院落角部又有两口“千斤缸”，内盛防火用水。后院两侧也是厢廊，各面阔 3 间。后殿明间供奉孔子（如图 4-11 所示），次间东西两侧

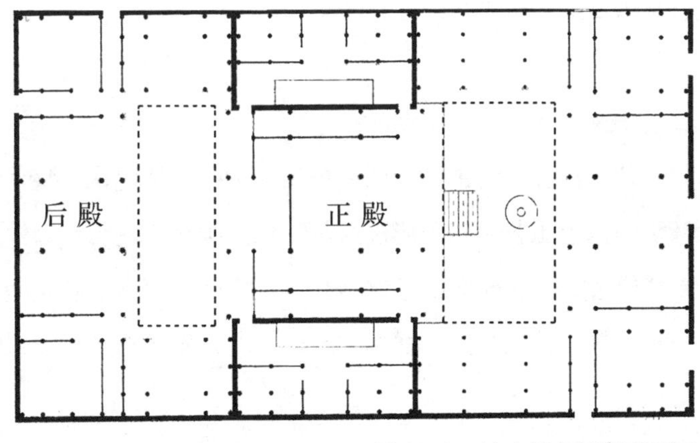

图4-10　廿八都文昌宫平面图

图4-11　廿八都文昌宫后殿孔子雕像

分别供奉朱熹和邹恩师，稍间为住房。[①]

二、雕刻艺术

廿八都文昌宫由民间匠人杨瑞球主持设计建造，整个建筑精湛的木雕工艺和房顶彩画最具特色。所有的建筑木构件均以浮雕或透雕等进行装饰。“牛腿”构件因体积较大，位置明显，便于装饰，雕刻形式多样，充满趣味性，显现出当地高超的民

① 蔡恭 . 廿八都县志 [M]. 北京：中国文史出版社，2006.

间工艺水准。文昌宫正殿檐下的斜撑雕饰，雕刻的是一对活泼生动的狮子，如图 4–12 所示。传统的双狮戏绣球的主题，既隆重，又富喜庆色彩。它集圆雕、高浮雕等手法于一身，雕饰精美，

图4–12　廿八都文昌宫“牛腿”构件——狮雕

手法纯熟。廿八都文昌宫撑拱狮子因“狮”与“师”谐音，故民间多以“狮”谐“师”。古代太师少师乃为政高官，地位显赫，以“狮”比喻执掌国政、官高禄厚之人。“狮子”造型寓意廿八都人劝学从政的心愿。

文昌宫的雕刻纹样不仅限于寓意学子取得功名，而且包含了民间普通人对美好生活的向往，这和民居建筑的态度一致。

在窗户周边也会适当进行雕刻纹样，如在窗扇四角和门板上有规则地雕刻蝙蝠的形状，是因为“蝠”谐音“福”，取“四福临门”的寓意。蝙蝠的造型往往采用夸张的曲线形态，视觉张力和装饰感很强，有效避免了窗扇和门板形态过于呆板的布局。

三、壁画艺术

文昌宫的壁画艺术尤为出众，主要集中在建筑的天花板、藻井、裙板、梁枋、壁板等构件上进行创作，数量多，题材丰

图4-13 廿八都文昌宫壁画（多图展示）

富，总计为451幅，其中71幅为人物，380幅为山水，这幅壁画是龙泉著名民间画师吴兰亭及其弟子40余人历经一年多时间完成的。大大小小呈现在文昌宫墙壁上的绘画，其内容几乎涵盖了中华民族优秀的文化与道德，有历史典故，有风土人情，有歌功颂德，也有劝人好学，如图4-13所示。这使文昌宫壁画的教化意义得到了更突出的表现。除了教化功能的主题壁画外，文昌宫内的壁画，还有一些装饰和衬托的作用，大都涉及宗教、二十四孝、山水花鸟、渔樵耕读等内容。廿八都壁画符合民间壁画的制作规律。民间画师呈现的作品，不像画院派那样体系严谨，也无文人画深厚的文学意蕴、理论素养，自成一派。廿八都壁画艺术整体呈现出构图精美、形象生动、技法娴熟、色彩鲜明等特征，具备雅俗共赏的形式美感，采用散点透视，用笔章法巧妙、疏密穿插有致。

首先，虽然文昌宫壁画篇幅繁多、规模恢宏，其数量之多、题材广泛，但是其内容却具有独立性，即使主题相似，具体内容也相差甚远，不存在雷同现象。其次，在文昌宫壁画中，作者采取了多种绘画形式，进行不同区域绘画，其主要包括：以水墨勾勒山水、以青绿描绘外框装饰、以金碧绘画建筑物及龙身凤尾等图案、以浅绛赋予水墨画格石色。再次，由于文昌宫壁画是由多位民间画家共同创作而成，因此在创作技法上多种多样。民间画家将多种创作技法融入壁画绘画中，通过多样化的表达手法展现出生动的壁画作品。最后，通过细腻的人物描绘，展现人物性格；通过生动的山水花鸟描绘，体现意境之美。

壁画内容题材多取自廿八都百姓熟悉的、喜闻乐见的故事、戏曲，有很好的群众基础，符合当地民众的审美情趣，也起到弘扬正气、宣传美德的积极作用。例如，壁画《天禄阁——刘向父子》描绘西汉著名学者刘向和刘歆在天禄阁整理图书，相互研学的情景；壁画《封神榜——雷震子救》取自婺剧传统曲目，表达弘扬正气、尽孝亲情的意愿。整体画面精美生动，是研究浙西地区甚至浙江民间美术的珍贵而形象的资料。

四、社会文化特征

文昌宫在廿八都人心中有着极高的地位，一方面从建筑位置和建筑体量上可以体现出来，建筑占地为1570多平方米，为廿八都规模最大、质量最高的建筑；另一方面它位于浔里街北段，是廿八都所有建筑中地势最高的。文昌宫的社会文化特征首先体现在用途上，它被用来作为地方学子读书会文的场所，起到书院的作用；其次文昌宫成为"地方管理机构"，被廿八都人赋予了别的用途，具有较高的威望。

廿八都人重视文教，希望自己的后人能考取功名后光宗耀祖，所以文昌宫成为激励人们努力向学的最好场所，有文昌宫对联可以说明："五六月间无暑气，二三更里有书声"；"入眼经书皆雪亮，束身名教自风流”；“古人所重在大节，君子于学无常师”；“泽以长流乃称远，山因直上而成高”；等等。

在文昌宫里处处体现着儒家思想的传承。如在大成殿太师壁前供奉孔子，每年农历十一月初四孔子诞辰，文昌宫要举行隆重的庆典仪式。廿八都人热衷拜孔夫子体现了对儒学思想的尊崇，因此文昌宫也有劝人提高德行的作用。在文昌阁的廊柱和山墙处有很多对联体现了这一特点，比如：“会心处不必在远，得趣时孰过于斯”；“居敬存诚节文以礼，崇德修业尚友于书”；“读有用书行无愧事，说根由话做本色人”；“做事须循天理，出言要顺人心”；“正学渊源穷泗水，传心道统溯伊川”；“修身莫若寡欲，用意不如平心”；“泽叹长流乃称远，山因直上而成高”；等等。

除了祭拜孔子外，每年农历二月初三要祭祀文昌帝。文星君为主大贵吉星，是主宰功名禄位之神。凡是年满16岁的读书人、文昌宫信徒都要参加。凡求功名者都要顶礼膜拜，行三跪九叩之礼，场面极为壮观。除了祭拜圣人，文昌宫也要举办交流活动，这是当地读书人相互交流学习心得和互勉的方式，活动主要在文昌宫的大成殿内举行。中国传统道教则把文昌帝人化而后神化，纳入道教诸神，成为读书人膜拜的对象。寝殿两侧的偏殿分别供奉着朱夫子和邹恩师的灵牌，每月初一和十五，都有学子在寝殿聚会交流，学子也会创作对联来激励自己勤学。

文昌宫除了是文人活动的场所，在当时还从一定程度上履行“地方管理机构”的职能，成为当地宗族议事的地方，权威甚至要比衙门高。旧时宗族是乡村社会最基本、也是极具权威性的组织主体，乡村的许多社会管理功能，不是通过行政组织，而是通过宗族组织来体现的。

廿八都是一个杂姓聚居地，有来自全国各地的移民。各姓宗祠只能管理族内成员，人们遇到麻烦或纠纷时仍习惯到文昌宫去找族长寻求解决办法；文昌宫作为“地方管理机构”，也一直在铺路、造桥、恤寡、防火防盗等公共事务中起着重要作用。

廿八都姓氏繁多，几个大姓平分秋色，任何一族都难以独担此任，文昌宫实际上有廿八都各宗族“联合体”的作用，行使“大宗族”的职能。廿八都识字男子成年后，一般要申请加入文昌宫，为文昌宫“会员”。由“会员”推选几位“理事”，并通过某种儒教仪式认可，以主持文昌宫的日常事务，这等于是将当地所有精英分子“收编”。

文昌宫还带有慈善机构的色彩，设有矜恤局、代耕会、寒衣会、保婴局、义仓及义塾等民间慈善组织，承担着地方的教育、社会救济、纠纷调处、公共设施建设等多种社会职能。

第五章

景观基因识别和表达

第一节　景观基因识别理论

廿八都，作为一个多种文化融合后产生的“生命复合体”，形成了自己的生命基因，并在以后几百年的岁月里不断地传承和传播，繁衍生息，至今保留了大量美轮美奂的明清建筑景观。这一优秀的人文自然景观应该得到科学、系统地保护和研究。以“基因”的视角去深层次地审视古镇的景观特征，是一次全新的尝试。国内学者刘沛林从地理学科角度结合其他学科，从宏观层面阐述了中国传统聚落的景观基因理论，这为本书提供了新的思路，为浙西南山区廿八都人文自然景观特征研究提供了新方法。

对廿八都景观的研究，是以景观基因识别为出发点，根据相应识别流程，提取出景观基因，使景观基因成为判断景观特征的决定性因素，同时也为廿八都景观基因图谱建构提供了科学的依据。采用“基因分析法”研究传统乡土景观的内在特质、外在表达及其传承特点，是对文化地理学关于“文化景观”理论的进一步探索。各地传统乡土景观之所以千差万别、多姿多彩，其根本原因在于影响景观形成的文化基因不同。包括主体基因、附着基因、变异基因等，这些都是构成景观基因系统的主要组成部分。对待景观特色，我们要进行科学的分析，只有在掌握了构成乡土景观特色基本要素的基础上，才能做出正确的判断。而构建乡土景观基因识别系统，不仅有助于正确解读景观特征，也为进一步保护和开发文化产业打下了良好的基础。

中国国土辽阔，每个地域、每个乡镇都因为不同的自然环境和文化背景而使地区景观存在差异，这种差异化的景观形成了自己独特的魅力，使得旅游文化产业兴旺。只有正确把握当地景观基因，进行有效的景观本质特征研究，才能指导当地的城镇景观设计和旅游文化保护。

如图 5-1 所示，依据刘沛林景观基因理论的分析方法，研究确定一定区域内古村落的景观基因的内容，可以遵循下列四个基本原则：（1）内在唯一性原则；（2）外在唯一性原则；（3）局部唯一性原则；（4）总体优势性原则。[①]

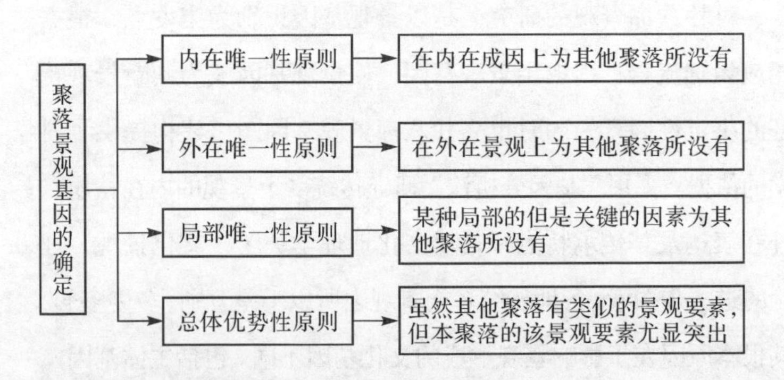

图5-1　聚落景观基因四项基本原则

① 刘沛林 . 家园的景观与基因 [M]. 北京：商务印书馆，2014.

对这四个基本原则，我们可以理解为景观基因的识别要重点把握景观的独特性。乡土景观的独特性就是构成景观基因的基础。我们进行廿八都景观基因的识别可以从廿八都景观的整体布局、古民居、商铺、寺庙以及桥、亭等公共建筑景观开始。

第二节　街巷景观基因识别

在空间环境构成中，街巷的概念是相互关联又相互区别的，街是由很多巷汇聚在一起而成的通道。廿八都街道整体特征为南北走向。南北走向的街道宽度要大于东西走向的巷。街道两侧主要分布着商业功能区和其他公共建筑；巷是两侧主要分布住宅、联系居民的通道。廿八都乡镇平面空间结构主要沿水系即枫溪集中，但又分为三个团块是，即三个自然村布局，分别是北部枫溪村、中部花桥村、南部浔里村。廿八都镇中有两条南北方向的主街道，分别是浔里街和枫溪街，这两条街道具备商业性质。商业街也是村镇的主要交通干道。这便是街巷结构体系的主体特征。

廿八都镇的街巷布局特征是非常清晰的，是典型的“两街陪一溪”的模式，即自北到南为：浔里街到枫溪街，旁边一直并行着一条枫溪河流，如图 5–2 所示。古代繁忙的商贸活动和驿站，极大地影响了廿八都镇街巷的布局，就连古镇主要街道也是为它服务的。两条商业街和一条水溪直接穿过浔里村、花桥村、枫溪村的中心。商业街两侧有规律地分布着很多居民巷子，巷子呈东西走向，使得廿八都具有明显的街道景观基因识别特征。古镇占地面积不大，但是布局特征清晰可见。建筑物有序而不乱，以两条商业街道为全镇景观空间的中心，在商业街的关键节点布局着一些重要且具备历史文化价值的公共建筑。这些公共建筑的位置安排合理，很好地把控着人们参观的节奏，可以让游人完整地参观完两条街道。廿八都商业街自南向北分布着水安凉亭节点、枫溪望月节点、关帝庙节点，到最后是文昌宫节点。廿八都景观在空间结构上也存在着明显的序列。空间序列的起点是位于镇区南面浔里村内的入境门户，此空间节点由水安桥、万寿宫和枫溪锁钥门构成。古时，商旅由南进入镇区沿枫溪北上会经过万寿宫旁边的驿道镇门，镇门上书有“枫溪锁钥”四个字。进入后可见枫溪东侧的一条古街道，两侧店铺林立，热闹非凡。两侧建筑山墙高耸，装饰精美，步移景异，门楼繁多，精工细作，此为空间感受上由放至收的阶段。继续向北，走完一段街道可看见第二个节点，由水星庙和枫溪桥构成，枫溪桥位于枫溪之上，水星庙依傍其西面，内有古戏台。这里的空间感受是自收至放的感觉，与前一段形成对比效果。此节点也是枫溪街的北端尽头，继续北上便属于浔里街区。过桥后再次沿主路可进入商业繁华的浔里街。序列安排上有一种“放—收—放—收”的节奏，使人的空间感受变化丰富。空间直至序列的尽头，以文昌宫作为末端的高潮部分。文昌宫建于清宣统年间，重檐歇山顶，四面出挑，雕梁画栋，高三层有余。水安桥与文昌阁遥相呼应，分别控制轴线的首尾，空间收放有序，

图5-2　廿八都镇枫溪

起承转合。

在传统村落社会当中，宗族关系是占据重要地位的。宗族的形成首先由个人组建成家庭，其次由家庭发展成家族，然后由家族构成为宗族，最后形成氏族、村落。如果将宗族看作一个整体，那么家庭便是传统中国社会的基本构成元素，同一血缘为纽带的家庭组合成宗族。因此，家庭不仅是子嗣繁衍的源泉，也是社会文化的基本单元。“家庭”作为基本单位，在村落的自然地理骨架之上形成各自的院落，院落之间的相互组合进而构成村落。常规村镇空间布局遵从三种模式特征，一种是以同宗同族人抱团分布血缘型聚落布局，一种是环状的街道聚落布局，而廿八都则属于第三种混合式聚落布局（如图 5-3 所示）。廿八都村镇平面空间结构主要是沿水系枫溪集中，又分为三个

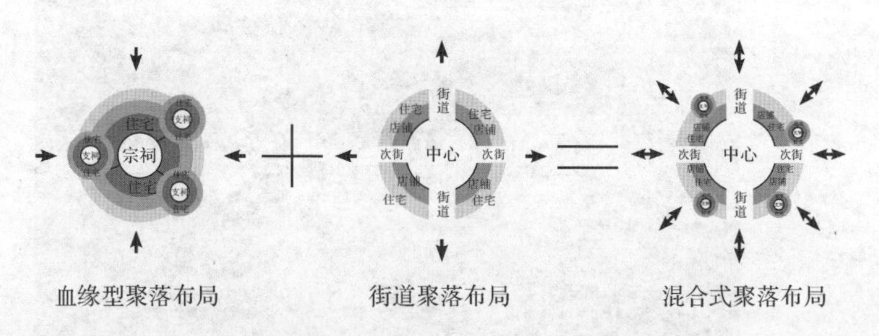

图5-3　廿八都镇街巷布局结构

团块（自然村）布局的。三个团块分别是北部枫溪村、中部花桥村、南部浔里村。同姓居民主要围绕宗祠成团块组合，其余少数姓氏则主要沿街道和外围布置。而在远离主干道的地方团块结构则表现得较为突出。

廿八都的街道宽度统一规划，尺度适宜，路面整洁有序。浔里街通道宽度为 4.5 米，可满足多人并排行走或两辆车并行通过，极少出现交通瘫痪现象。如图 5–4 所示，周边建筑物不高于 5.5 米，这样视觉上就比较均衡、舒适。商铺沿着街道整齐排列，商铺门口均有水沟，沟里水清澈见底，是廿八都古镇的排水系统，作防水灾和火灾之用，这说明当时廿八都人对村镇的整体规划意识很强。浔里街西巷子里住宅地面高于主街，巷子通道的石条路面下有复杂的排水系统，今天看来仍然为之惊叹。

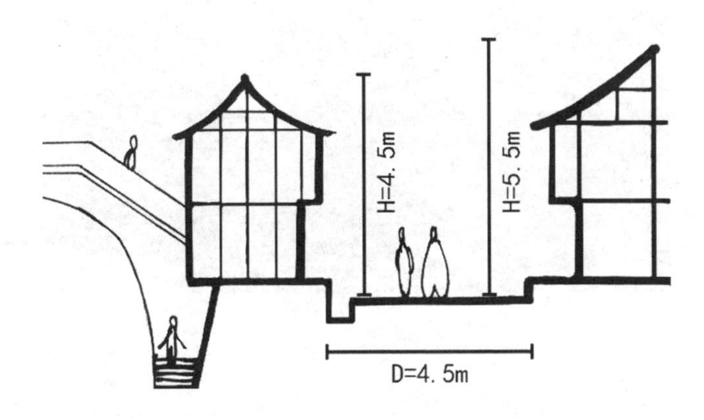

图5–4　廿八都街道尺寸分析

巷子里宽度普遍较窄，2米左右，周边的住宅风火山墙高度较高，多在7～8米，空间会给人以神秘感、深邃感。[①] 住宅多为内向型的，高大的建筑外墙把住宅内部紧紧包住，古宅深巷也就成

图5-5　廿八都枫溪街小巷

① 朱屹.浙西廿八都聚落形态与文化特征研究[D].杭州：浙江农林大学，2015.

了廿八都当地的一大特色，如图 5–5 所示。两边是高大的马头墙，狭长的巷子仅容两个人走过，大声说话声音都会被高墙给反弹回来，“嗡嗡”回响，故而又被称为“回音壁”，如图 5–6

图5–6　廿八都浔里街回音壁

所示。

廿八都已经具备了现代典型农村集市的布局特征。古镇结构是街巷结构和以宗祠为核心的团块结构的结合，这不同于周边村镇的结构特征。在沿主干道的街区，廿八都街巷结构的特点比较明确，建筑走向主要沿着街巷布置，群体关系比较规整。街道两侧房屋外墙高耸封闭，巷道狭窄幽深，形成了鲜明的特色。

廿八都街巷景观基因识别还是比较清晰明确的，如图 5-7 所示，可以从四个方面进行有效识别：景观节点、尺寸比例、布局方式以及空间分布。例如景观节点，从南到北，起点水安桥、江西会馆、“枫溪锁钥”、枫溪桥到最后北浔门结束，整体路

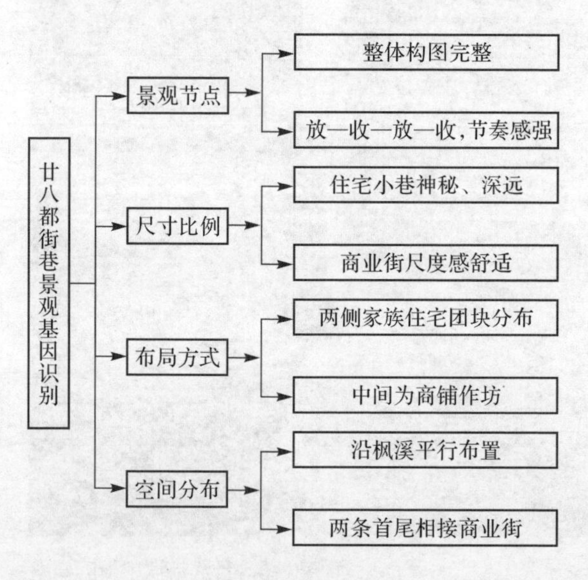

图5-7 廿八都街巷景观基因识别内容

线安排合理，节奏感强。

景观节点在古镇整体景观结构中大多沿主街道以组团的形态出现，从而形成小型街区板块形态。街区之间形成街巷，街巷脉络或肌理非常清晰：商业主街道宽阔，尺度比例合理，让人感觉非常舒适；住宅区巷子通道狭窄，具备神秘感；廿八都主街为商铺作坊，主街两侧家族住宅以团块分布；廿八都两条主街沿枫溪平行布局，形成“两街陪一溪”特色。本书主要以廿八都街巷平面类型、界面构成以及交叉口为主要研究对象，对廿八都古街巷的景观基因进行识别。

第三节　古民居建筑景观基因识别

建筑是人类不同历史时期社会文明的产物，建筑景观是体现社会文化生活的缩影。民居建筑是乡土景观最基本的构成要素，满足着村民居住生活的主要需求，因此对于廿八都古民居建筑景观基因的识别具有重要意义。如图 5-8 所示，研究古民居的造型艺术特征，可以分别从建筑平面布局、建筑构件、建

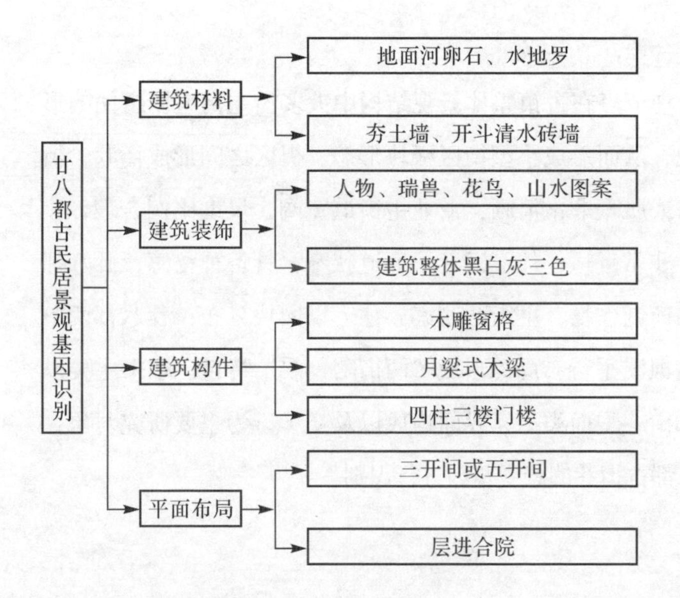

图5-8　廿八都古民居景观基因识别内容

筑装饰、建筑材料等几个维度进行。

廿八都民居建筑受周边环境影响显著，住宅形制与浙西、皖南、赣东地区相似，多为四合院形制。廿八都民居建筑为沿中轴线纵深布置房屋和天井的传统层进合院式布局。廿八都传统民居建筑根据建筑面积，对建筑形制进行了分类，通常认为有小户人家的三开间单天井、大户人家的五开间单天井、五开间三天井。

先来看五开间三天井四合院。这种四合院有高大的外墙，外墙的营造是重功能轻装饰，简单实用。根据功能进行分区，基本上可以分为厅堂、厢房、天井、楼房等。住宅建筑多采用传统徽派四合院形式，沿着中心轴线对称布局，格局较为规整。天井是廿八都民居住宅的核心部分，当地建筑布局多为“一字型”与纵向的层进式合院，这类建筑规模非常大，通常为大家族或富贵人家居住。空间以中轴线排列依次为：照壁、大厅、屏风门、前堂、天井、中堂、天井、后堂。中堂左室是主人的寝室，右室用于长子娶媳妇，前堂左右房为子孙所用，后堂为厨房佣人房舍。[①] 而三开间单天井较为普遍，通常为小型三合院或四合院，当地人称之为“合面三架两厅”。功能空间沿中轴线布置依次为：正门、左右厢房、上下堂以及天井。

廿八都的天井面积不大，相较于皖南民居更为开敞，天井采用条石或卵石铺砌，并布置盆景花卉，俨然有山水审美的意趣。天井正对面的空间是厅堂，也被称为“上堂”，布局为开敞式，面积较其他房间宽敞。上堂的布置及家具陈列一般也比较讲究。大厅的后柱子位置通常设置木隔墙，目的是进行空间分隔界定，当地人称木简壁。壁前正中放置长方形几案，也称供案或条案，条案上主要供奉神灵或者先人的牌位，旁边有香炉烛台。条案两旁挂有楹联，上面内容多为婚庆或者祝寿等。条案前放置一

① 罗德胤．乡土记忆——廿八都古镇 [M]. 上海：上海三联出版社，2009.

张八仙桌，两侧置太师椅和茶几等家具。

廿八都建筑结构上的特征为：均为木结构承重，基本上是抬梁式和穿斗式的组合。如图 5–9 所示，尺度比较大的空间如厅堂，多采用抬梁式结构，柱子为圆柱形，多采用硬木如杉木，略粗，这样空间跨度可以大一些，更宽敞；到了厢房和卧室，由于开间比较小，基本上采用穿斗式结构，木材为杂木，圆柱略细，这样比较节省。在建筑结构中最有特色的应该是月梁，月梁两边略低，中间略微拱起，两端头刻有生动而流畅的曲线，如图 5–10 所示，在实际营造过程中，当地居民多就地取材，从

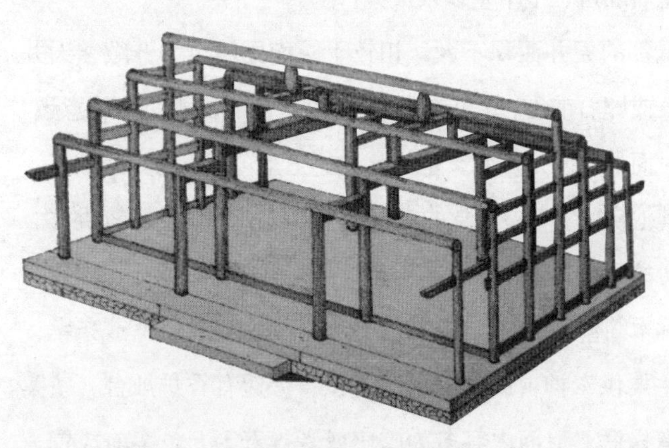

图5–9　抬梁与穿斗混合式木结构

图5-10　民居房屋建筑的营造

附近山林伐取木材完成木结构框架的构建。

民居建筑材料的使用也是极具特色的。民居建筑的外墙材料，普通人家采用夯土墙，大户人家采用开斗清水砖墙，青砖规整，灰缝均密，唯檐下分两砖宽抹细长白灰浆，上绘花鸟装饰。民居建筑的外墙十分高大。建筑仅在二楼部分开小窗，窗侧墙做成外窄内宽的造型。水平长条的檐下装饰与小的窗洞和大面积的外墙形成极其强烈的戏剧性对比。廿八都的马头墙装饰更多地体现了廿八都民居特色建筑营造的特点。当地浓厚的乡土文化是廿八都建筑的文化基因，也是艺术创作的精髓所在。马头墙也是廿八都民居建筑最常见和最富有表现力的特色，受徽派建筑风格影响较为显著。本来马头墙具备防火防盗的功能，在这里被赋予新的内涵，成为美化装饰的重点区域，如石砖上雕刻有寓意吉祥的装饰图案。

由于廿八都布局于山溪周边，营造房屋多就地取材。如图5-11所示，当地的乡土建筑多在勒脚与围墙等部位采用取材便捷的卵石。卵石基脚与建筑外墙不加粉饰，唯在屋檐下墙面以白灰浆粉饰两块砖的宽度，并墨绘花鸟纹饰，这类外墙的做法受到了江西民居的影响。普通民居建筑的外墙多采用朴素自然的竹筋或木筋夯土墙，大户人家的外墙多采用质地较好的开斗清水砖，灰缝匀密，色调古朴淡雅。

廿八都民居建筑在地面处理上也较为独特。村镇居民喜欢

图5-11　廿八都民居建筑外墙材料

用卵石进行装饰。富裕的大户人家会在门外宽敞地带铺设卵石，美观漂亮，并以八卦图或者其他装饰图案进行铺设，寄托祈福避邪的美好愿望。民居建筑内厅堂，采用水地罗的地面，颜色为青灰色，如同现代的水泥地面，防潮而绝不起灰，这种设计优于现代的水泥地面。

廿八都古镇建筑外立面最具特色的是入口门楼的披檐处理，民间对其有“千斤大门四两屋”的说法，精巧的木雕充分显示出当地工匠的工艺水平，如图 5–12 所示。由于廿八都建筑的高墙与内向式布局使建筑个体在聚落景观中消失，因此只有在门楼上做装饰才能凸显自家社会地位、财富和特色。廿八都传统建筑的门楼披檐极具装饰意味，与徽派砖雕门楼有所不同的是，廿八都的门楼为木结构，雕刻工艺较东阳木雕有过之而无不及。[①]廿八都传统建筑的门罩主要有两种类型，分别为二层十吊柱重檐式门楼与单门单层飞檐式门楼。第一种二层十吊柱的重檐式门楼，高约 1.5 米，宽 3.5 米，10 根垂柱有 4 根紧贴墙体固定整个门罩，其余 6 根垂柱悬空而立。檐下方的四只“牛腿”雕刻题材多样，滴水瓦当模印蝙蝠、蝴蝶、卷草等动植物纹样。例如被誉为廿八都“二十四门楼之冠”的杨通敬宅，是典型的二层十吊柱式的门楼：门楣上刻有“双狮戏绣球”的精美石雕纹样，门罩上四只“牛腿”分别为“福禄寿喜”四仙，檐下的多层小斗拱精妙复杂，当地称之为“喜鹊窝”；第二种单门单层飞檐式门楼，即二柱一楼式门楼，高约 1.25 米，宽 3.25 米，4 根垂柱中的 2 根紧贴墙体用于固定门罩，另外 2 根垂柱悬空。如位于浔里街41号的杨瑞球老宅，门罩上是两只典型的人物题材“牛腿”——尉迟恭与秦琼，雕刻技艺精湛，极具艺术审美价值。

廿八都古镇的建筑外墙十分高大，仅在二楼开部分小窗，

① 朱屹. 浙西廿八都聚落形态与文化特征研究 [D]. 杭州：浙江农林大学，2015.

图5-12　门楼上的木雕饰

窗罩以砖雕装饰。窗户的纹样造型丰富多彩。尤其是小窗内装木插板，外以砖雕装饰成各种装饰纹样，而且雕刻手法多样，浮雕、圆雕和透雕手段常见，可见当时工匠水平之高。窗户的雕刻题材多样，刻画生动形象，极具有艺术价值。如图5-13所示，墙体屋檐的做工极为考究，檐下棱角三层叠涩出挑，滴水与瓦当通常模印植物花卉纹样，挑檐青砖一般模印蝙蝠、蝴蝶、麒麟等吉祥图案。马头墙通常为两到三层的“五花山墙”“三花山墙”：山墙顺屋顶坡势层层下降，墙头用青瓦叠成短檐和屋脊，尽端用砖叠成墀头并装饰吉祥纹样，如图5-14所示。除此之外，外立面有着巴洛克式的曲线形山花以及拱形门洞的姜遇鸿故居，山花中间的圆形装饰却是中国传统狮子与山水题材的砖雕，这种设计印证了廿八都当地文化中西融合的多元性。

廿八都民居建筑的内部雕刻主要集中在梁枋、“牛腿”、雀替等部位，就精美程度而言以梁枋、雀替、“牛腿”等梁架装饰最为精美。例如，姜秉镛住宅天井周围的梁架，柱身不施色彩，减柱的位置为雕刻细腻、富有层次感的花篮柱；姜遇鸿住宅上堂的月梁为浮雕刻画的戏曲场景与麒麟纹样，呈现出精美繁复的艺术形象。雀替是建筑立柱与梁枋相交处用以加强梁顶端支撑的构件，集功能与装饰于一体。例如杨光瑞老宅的一组雀替，中间把浮雕与镂雕手法相结合，刻画出栩栩如生的戏文场景，外轮廓为拐子龙与卷草纹组合，构图恰到好处。挂落

图5-13　民居建筑的窗花造型

图5-14　民居建筑的门楼造型

作为雀替的延伸已经失去结构功能，当地常见的挂落多由 4 根垂花柱组成，形态多为八字圆弧，拼接形式不拘一格。廿八都的“牛腿”个头虽不大，但精雕细作，以多层次的浮雕、丰满的构图来表现内容，生动、形象。题材有“和合二仙”“八仙”以及“福禄寿喜”四神等人物，也有“松鹤延年”“鲤鱼跳龙门”等吉祥图案，还有卷草纹、神兽和博古架等多种组合纹样。

老子云：“凿户牖以为室，当其无，有室之用。”户为门，牖为窗。建筑正门作为外立面装饰的重要组成部分，是凸显家族地位的又一个艺术形式。廿八都当地传统建筑的正门多采用“八字门”构造，这类门中间高、两侧斜，用青石外框进行精雕细琢。门庭设计根据各家的风俗喜好，在门槛石或门角石上采用浮雕、镂雕等手法装饰。一字型的板门式建筑正门装饰主要体现在二层的护栏以及窗扇，护栏纹样主要为葫芦柱或万字纹两种形式，窗棂形态以简洁朴素的直棂与万字纹为主。除建筑八字正门外，隔扇门也是民居内部的装饰重点，如图 5-15 所示，就精美程度而言以窗格、绦环板、裙板等部位的装饰最突出。窗饰木雕通常是指隔扇中绦环板和裙板的雕刻装饰，雕刻题材取材于小说、戏曲、神话故事。

廿八都传统建筑的窗棂形式多样，窗格部分不饰色彩、组合多变，有步步锦、万字纹、冰裂纹、回字纹以及横竖直棂等多种几何纹样，窗格中间图案如芭蕉、寿桃、葫芦等均被广泛

图5-15　民居建筑的木板和窗花造型（多图展示）

运用。绦环板和裙板是雕刻装饰的重点部件，装饰内容从文人圣贤、神话传说、历史故事，到珍禽瑞兽、山水风景以及博古器物等均有涉猎。雕刻注重画面构图，形象刻画生动灵活，极富传统古典美学的韵味。

第三节　商业建筑景观基因识别

廿八都商业建筑景观基因的识别，要从四个方面入手：数量及文化表象、建筑特色、类型、空间布局等。如图 5–16 所示，商业街两侧的商铺建筑形制大致可以分为开敞的“板门式”与“墙门式”两类，布局多为“下店上宅”或“前店后宅”。“板门式”即正门为可拆卸木排门板的建筑，这类门板的启闭沿滑槽放置，中间设置上下枢纽的门扇便于打烊后旋转开启；“大门式”也称“墙门式”，是砖墙上开设大门的、外观类似于住宅的商铺建筑。

据《廿八都镇志》记载，鼎盛时期，廿八都镇上店铺大小共计 160 家。饭店和旅馆约 50 家，其中豆腐店 25 家，纸业店

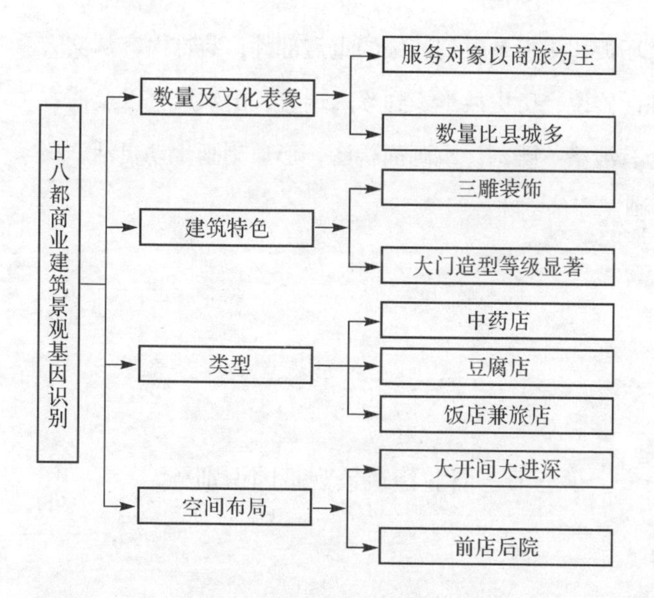

图5-16　廿八都商业建筑景观基因识别

10家，绸布庄15家，中药店14家，手工作坊40余家等。廿八都商铺和作坊的建筑类型常见的是“板门店”和“大门店”两类；板门店是临街可拆取木门板的店铺，常见有小商铺和作坊；大门店是临街用砖墙，有门洞开大门的店铺，常见有大商铺。

店铺多与店主的住宅紧密地联系在一起，形成“前店后院”的格局，大多是面阔3开间的四合院布局，下堂临街部分做门面，里面兼具仓库，再往里做店主休息生活区。

餐饮住宿是廿八都镇最基本的商业类型，服务对象是南来

图5-17　洵里街店铺（多图展示）

北往的贸易人员。饭店大多兼管住宿，如图 5–17 所示。廿八都豆腐店最具特色，远近闻名，每天都要往周边地区，甚至江山市的饭店供应豆腐。豆腐店和包子店也提供饮食服务，有的豆腐店还提供制作和售卖米酒业务，如图 5–18 所示。饭店的店名多用人名，通俗易记，基本上是老板的名字，如浔里街的姚日华饭店。

廿八都的中药店有 14 家，比周边清湖镇和峡口乡镇要多很多，甚至还超过了江山市的店铺数量，其中位于浔里街的共计 11 家，枫溪街有 3 家。为什么廿八都的中药店比较多，其原因有两点：首先廿八都处于深山之中，蚊虫比较多，居民和平时来往福建与浙江的商贸人员都需要防控病疫的传播；其次廿八都是三省交界地区重要的药材交流中心。周边的地区都会集中药材到廿八都加工和售卖，最远卖到钱塘江下游地区。德春堂是廿八都最大的药店，位于浔里街 7 号，是典型的“大门店”店铺。整体建筑共分为三层：一层为营业厅；二层为药材加工区；三层为药品存储区。德春堂是廿八都比较高的建筑了，仅次于文昌宫，为庭院式建筑，还未进入廿八都镇就能远远望见德春堂的三层建筑，它已经是廿八都地标之一了。

图5-18　枫溪街店铺（多图展示）

第四节　桥、亭景观基因识别

廿八都的桥梁数量和种类之多，远远超过清湖和峡口。它们之中，既有造型华丽的九开间廊桥，也有形式优雅的石拱桥，还有简朴实用的木板桥和矴步桥。亭以路亭为主，此外也有特殊的花子亭。路亭也叫凉亭，是供行人短暂休憩的场所。花子亭是专门为乞丐提供的临时住所。对于廿八都的桥、亭景观基因识别应该从地理位置、基本形态、局部装饰以及类型样式的特征进行区分。

如图 5-19 所示，这些桥梁可分为四类：木板桥、石拱桥、廊桥和矴步桥。木板桥俗称板凳桥。民国时期枫溪上的木板桥至少有 6 座，即珠坡岭脚东面的木桥、上得门东侧的水碓木桥、浔里街东升路的东升桥、浔里街大东门的木桥、关帝庙东面的木桥和枫溪村半边街的望峰桥。另外，开叉河上原有一座木板桥，位于花桥村中间，名为“睦乡桥”。睦乡桥于 1940 年改为石桥，桥旁还立着一座高约 2.5 米的石经幢。东升桥于 1942 年由姜守全捐资改建，桥面和桥梁仍为木质，桥墩改为水泥浆砌条石墩。桥长 12 米，宽 4 米。据《廿八都镇志》记载，该桥可能在 1949 年新中国成立前已毁。在光绪版《枫溪金氏宗谱》“阳基图”中，它是四座木板桥中的一座。桥面以下，共设有 12 根松木做的木脚。枫溪上有一座无廊石拱桥，即枫溪桥。枫溪桥长 13 米，宽 4.2 米，拱度 11.5 米。在东岳宫南侧也有一座小石拱桥，横跨华坞溪上，兴建年代不详。现立于枫溪上的有廊石拱桥也只有一座，即水安桥。

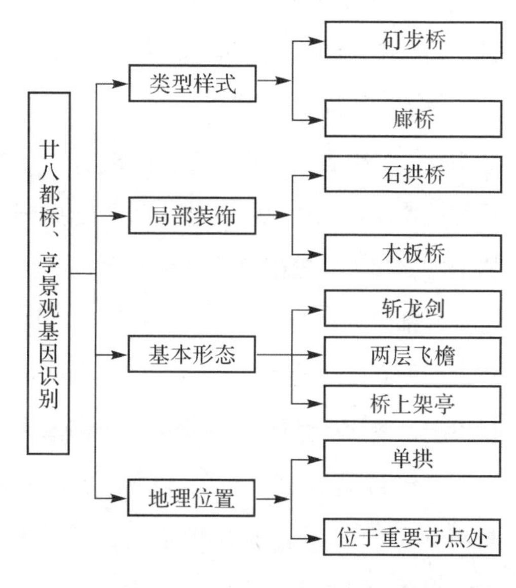

图5-19　廿八都桥、亭景观基因识别

水安桥扼守着廿八都的南大门。桥体也是单拱桥，较长，约 12.5 米，桥占七开间面积，桥面石板铺路，桥护栏和游廊的顶部全为木结构，桥面上梁柱结构清晰明了，桥体造型较为庄重，桥面距离桥顶部的高度为 8.5 米，桥本身装饰性的雕刻比较少，显得古朴庄重，顶部双坡灰瓦，为两层重檐尖顶，弯曲上翘的檐口直冲云霄，如图 5–20 所示。两重檐方顶并不位于桥面的正中心，偏一侧，符合黄金分割的构图，又有庄重而不显呆板的趣味。在桥的底部拱顶也装饰一柄斩龙剑。当地文人曾有“桥名水安跨村南，苍山碧水熏风凉。景宜朝夕晨午晚，人游四季俱芬芳”的诗词描述。

亭子、桥段在中国古建筑中占着重要的地位，多出现在水乡山村。“亭者，停也。人所停集也。”最初，亭子最基础的功能就是供行人休息，在廿八都则是供来往商贸人员临时休息的地方，其中比较出名的是水安桥的凉亭。水安桥和枫溪桥，是廿八都景观重要的景观。水安桥位于廿八都镇的南端，是福建入浙的必经之地；枫溪桥在廿八都的中段，在花桥村和浔里村中间，在廿八都有“水安凉亭、枫溪望月”之称。

枫溪桥是一座石拱桥，卧在水星庙前面的枫溪上面，具有典型的江南石桥的特征：桥短而曲度大，如图 5–21 所示。据《廿八都镇志》记载，该桥兴建于清朝道光十八年，全桥为石板桥。到了民国，桥进行了重修，现为单孔石拱桥，造型为半圆，石质显得古朴，体形高耸，引人注意。枫溪桥全长 13 米，宽 4.2 米，拱度为 11.5 米，桥面较高，距离水面 6.5 米，比两岸地面高 4 米，高耸的桥面很适合瞭望风景。丰水期的枫溪，水位上升到桥墩两岸，半圆形的桥拱与水

图5-20　水安桥（多图展示）

图5-21　枫溪桥

面的倒影构成了一个完整的圆形，便有了“枫溪望月”的美称。自然秀美的风景和浓郁的人文景观，表现出廿八都人对生活的热爱，体现了其高雅的审美情趣。桥的两岸石护栏上均雕刻有“枫溪桥”三个字。桥底拱顶镶嵌有一把铁剑，寓意“斩龙”，杜绝水龙作怪，避免水灾。

●● 第六章 ●●

景观基因传承与流变

第一节　廿八都景观基因分类

廿八都景观之所以具有自己的特色，是因为其景观基因有效的传承。按照物质构成的特征来分，景观基因通常可以分为显性文化基因和隐性文化基因（如图 6–1 所示）：显性文化基因是其比较明显的特征，即表面特性，主要指主体形态，具体体现在建筑文化、空间文化和造型艺术等方面；隐性文化基因是一种比较深层次的特征，需要透过现象看到本质规律，不仅体现在人们的感情附加和使用价值上，还具体体现在纹样图案、民间行为以及制度规范等方面。

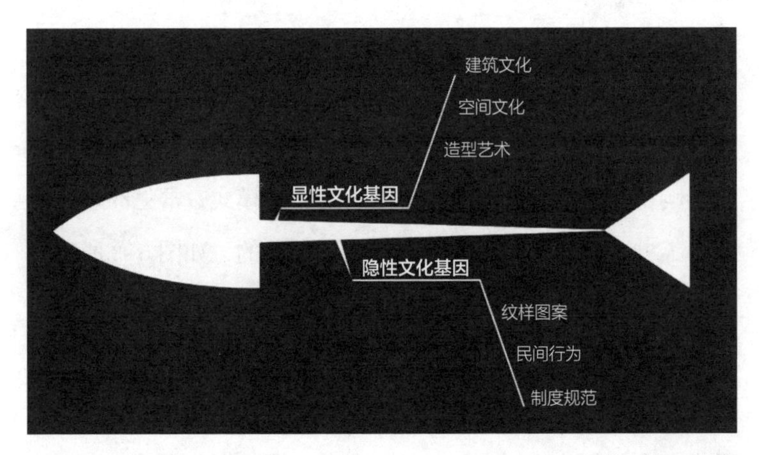

图6–1　景观基因构成结构

一、景观显性文化基因

（一）村镇空间布局

中国是一个农业大国，农村人口多，乡土性是中国基层社会的本色。在中国长期的社会发展中，以同一血缘为纽带的宗族、家族关系维护着平时稳定的生活，在乡村社会发展中占有重要的地位。传统村落的形成都是由个人家庭择地而居，繁衍生息，形成了几辈人共同生活的环境。廿八都村镇的形成也是从宗族关系开始的，其中的四大家族更是远近闻名。但是由于历史和地理方面的特殊原因，廿八都成为军事要塞和商品的集散地。这里平静的农耕生活被打破了，驻军和商贸活动导致外来人口不断涌入，给廿八都带来了很大的影响，产生了大量商铺、政府机关、驿站等。如前文所述，廿八都村镇空间布局属于混合式，即廿八都街道有着常规村落的以同宗同族抱团布局的样式，又有现代商业街道雏形的环形式布局，如图 6–2 所示。

廿八都传统民居的布局特色也是很明显的，首先受儒学思想影响基本上遵循着徽派传统四合院布局模式，常见的是三开间单天井、五开间单天井、五开间三天井的，如图 6–3 所示。开间、天井的数量主要取决于居民的地位和经济实力，通常大户人家有钱后更热衷于置办、修缮房屋，房子的规模大小，是衡量家庭、家族实力的标准之一。民居内部布局受“礼制”影响，通常把空间划分为厅堂、厢房、天井、楼房等几部分。高大的

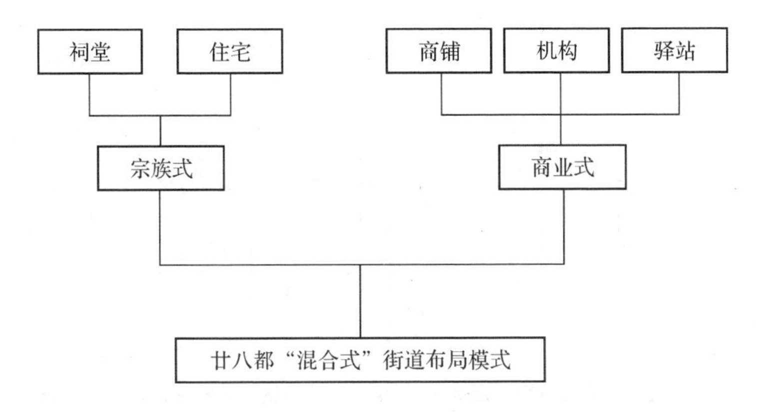

图6-2　廿八都“混合式”街道布局模式

外墙严格地将民居建筑分为室内室外，给内部空间保留了很高的私密性；到了建筑内部，看似中规中矩的规划布局，又根据房主人的兴趣爱好不同进行了灵活的布置，比如在天井区域会适当添加盆栽景观，丰富了平时的生活情趣。

廿八都主街道是沿着枫溪布局的，这里分布有各种商铺、驿站。一般商铺都采用“前铺后院”的模式，前面为大开间、进行商业活动的商铺，商铺留后门，后院是堆放商品的库房，再往里就是老板的住所。这样的商业房产完全是一个“自我满足”的综合体。

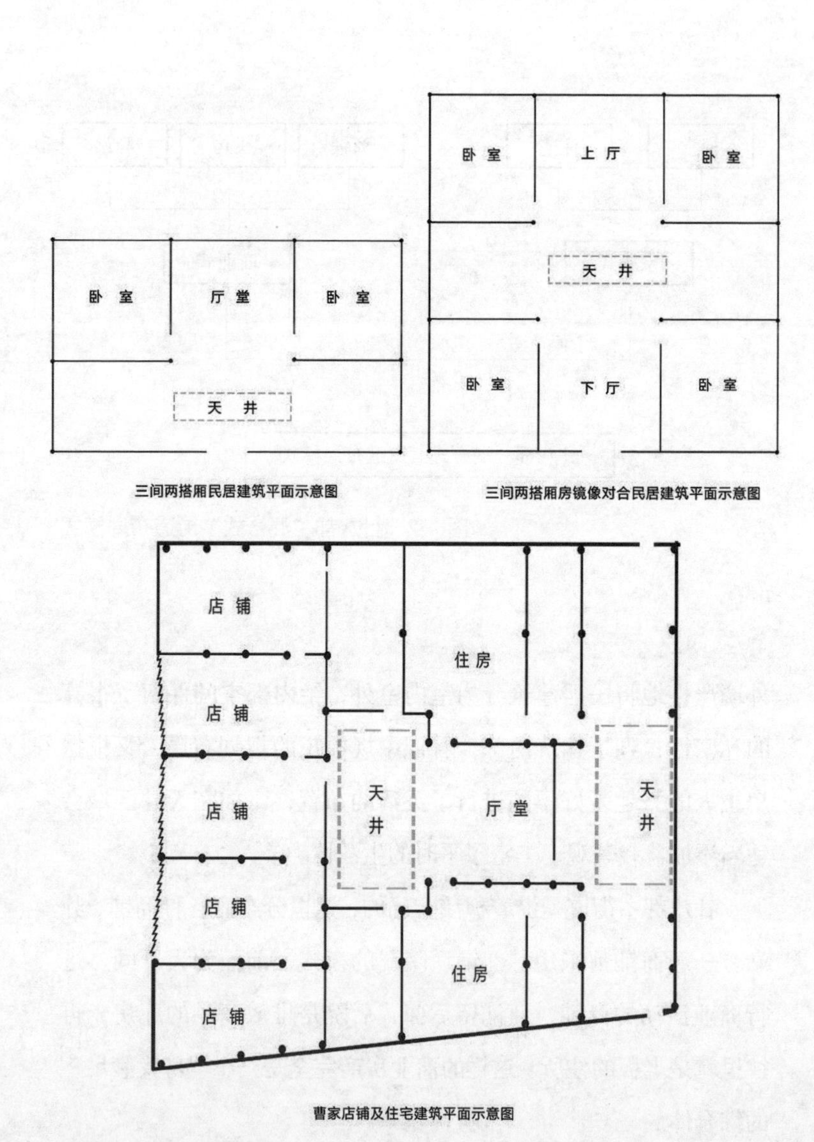

图6-3　廿八都住宅、店铺平面示意（多图展示）

二、景观隐性文化基因

隐性文化基因，是隐藏在表层基因里的深层基因，可以通过民俗活动、规章制度以及艺术装饰体现出来，古村镇景观往往承载了许多具有隐性特征的文化基因信息。

（一）建筑装饰寓意

建筑体现了一定的哲学思想，而哲学是文化之精华。光宗耀祖的传统理念始终根植于廿八都子孙的心中，当他们功成名就衣锦还乡时，不忘修缮祖宅。廿八都地区建筑文化取多地之所长，于建筑空间之中孕育出灿烂的当地文明，具有浓郁的边界特色。

廿八都建筑最引人注目的标志是民居建筑雕刻和地面纹饰，里面隐藏着廿八都地区文化的主题基因元素。门楼上有四根“牛腿”，雕刻成“福禄寿喜”四星的纹样，每个翘脚下面有复杂的喜鹊窝造型纹样，门楣上有双狮戏绣球纹样图案。大门洞上是一个四柱三楼的门楼，有“牛腿”四根，左右对称，雕刻成松鹤和松鹿。中间两根“牛腿”之间，刻有“南极星辉”的门匾。

为数众多的形象不仅代表了一个时代高超的建筑技艺，同时被赋予了丰富的民俗文化内涵。几千年来民间的建筑文化对“吉祥”的概念有着相当深刻的诠释，形象的谐音也常常用来表达对生活美好的祈愿。例如，喜鹊与古钱组合，暗喻“喜在眼前”；喜鹊和三枚桂圆等组合，比喻“喜报三元”。这些题材多雕刻于梁枋、撑拱、挂落等雕刻面积充足的部分。

（二）世界观和社会观

廿八都社会向主流意识形态靠拢的表现就是文化人的地位超过了武举人。廿八都建筑规模和建筑质量最高的是文昌宫，文昌宫供奉的是文昌、魁星、孔子等主管文运和教育的神或圣人，其建筑规格比关帝庙高，说明廿八都人的科举观念已经相当强，且文化人的地位超过了武举人。关帝庙主要是供奉武财神关羽，关羽是忠义的化身。廿八都是以兵营退伍的官兵为基础形成的商业性集镇，所以关帝庙在廿八都有着特殊而重要的地位。

（三）宗法制度

宗法统治包括两层关系：一种是宗族成员天然处于一定的血缘关系当中，由此出发形成联系紧密的人际关系，即构成血缘性族群；另一种则是因族人相同的生活习惯，聚集于相对封闭而独立的地域构成的联系，即地缘性族群。血缘群体和地缘群体构成了自给自足的生活单元。廿八都镇中杨、姜、曹、金四大姓氏在村中占有绝对多的数量，全镇就以这四姓的宗祠为中心构成多个组团，聚族而居。而在村镇的管理上，廿八都作为一个杂姓聚居地，不可能以血缘关系分区构成团块结构进行管理。当年几个大姓平分秋色，任何一族都难以承担社会管理职能。因此以行政性的“社”进行分区，构成不规则的团块，每个团块的中央附近设立一座社庙，如隆兴社、新兴社、黄坛社。每个村落以“社”为行政单位，每一个社选出一名“社首”，代为主持和管理行政事务。

（四）居家制度

几千年的历史文明，礼制观念和等级制度始终制约着当地人民的社会行为和生活方式。传统的礼仪法度作为一种历史的法则，总体上通过礼仪定式与礼制规范约束个体的行为与思想，通过规定人与人之间的关系礼法来维护社会秩序的稳定。在景观中，具体体现在民居住宅中住房的次序：长幼有别、尊卑有序。礼制反映在建筑上是对于建筑形制和建筑内容的规范。一般来讲，厅堂为整个家庭最主要的场所，两侧为主人的卧室，子女的住房位于入口的两侧次卧。当儿子结婚后，新人会搬入主卧室，父母退出来搬入次卧。

第二节　景观基因的流变

景观基因的流变，是指乡土景观在传承与发展过程中所产生的变化。景观基因具有遗传、变异和选择的能力。历史发展流变过程中，由于自然地理环境的演变，民族交流与文化融合以及政治、经济等因素的变化，景观基因在传承的基础上也产生一定程度的变异。景观基因的变异将会对区域社会以及空间产生重要的影响，成为控制区域空间演化的主要因素。本节以动态的观点分析廿八都景观基因在古代传承期变异的脉络，及其对廿八都古代社会变迁与空间演化所产生的历史性的影响过程。

如果廿八都景观基因和历史流变使用符号来表达，即传统廿八都历史景观文化基因为 Lhc（History and culture of landscape gene）、视觉文化为 Vc（Visual culture）、情感文化为 Ec（Emotional culture）、行为文化为 Bc（Behavior culture），那么我们可以在廿八都景观基因的传承期选取三个阶段而非“节点”来考察廿八都景观基因变异，从而发现其控制机制与规律：第一阶段为早期军事主导时期，第二阶段为商业活动时期，第三阶段为新中国成立以后。

一、军事主导时期

自唐末黄巢起义和南宋叛军流入以来，一直到明清时期防止南明复辟，扼守福建、台湾的军事重镇，廿八都因为有驻军才发展起来。其建镇的主要目的就是进行军事防御，满足军事用途。军人战时备战，非战时参与生产劳动，退伍后留在廿八都生活，繁衍生息。廿八都最初按照统治者的需要和规定，实施的是市坊制，用高墙和大门将整个城镇进行了围合，确保安全。廿八都镇上建有庙宇，如关帝庙，满足了当地士兵求平安的情感需要。这时Ec元素和Bc元素占有绝对的比重，而Vc元素属于次要地位，正处于初生长时期。如果结合模糊数学法，当时廿八都的景观基因模型表达，如图6–4所示。

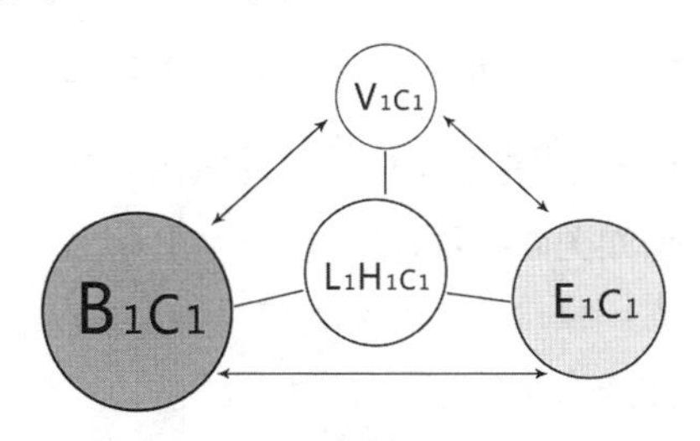

图6–4　早期廿八都景观基因构成

二、商业活动时期

廿八都景观基因是在江南地区自然地理环境中，多方面文化元素影响下的产物，它并没有随着政权的更替而消亡，而是成为对该地区人民的文化活动产生持续影响的心理结构、思维方式和价值观念。到了清代晚期以及民国时期，廿八都的军事需求在不断地减少，相反，由于其特殊的地理位置，经商贸易活动频繁。

这一时期受贸易活动的影响，当地人的贫富差距开始拉大，并出现了四大家族——杨、姜、曹、金，他们走上了官商结合的致富道路。富裕家族开始重视建筑景观的营造，对住宅建筑包括景观都非常讲究。此时人们接触到了西方文化，建造建筑景观时受西方建筑风格的影响显著，并出现了中西合璧的建筑。西方巴洛克风格的建筑手法运用在民宅的营造上，雕刻装饰内容不是欧式卷草纹，而是传统故事诸葛亮的空城计，充满了情趣。此时廿八都景观基因的三大元素发生了变化：受政治的影响较弱，Bc 元素的比例成分降低，当地人对自己住宅的精心营造，使 Ec 元素和 Vc 元素比重在上升。这时廿八都景观文化基因模型如图 6–5 所示。

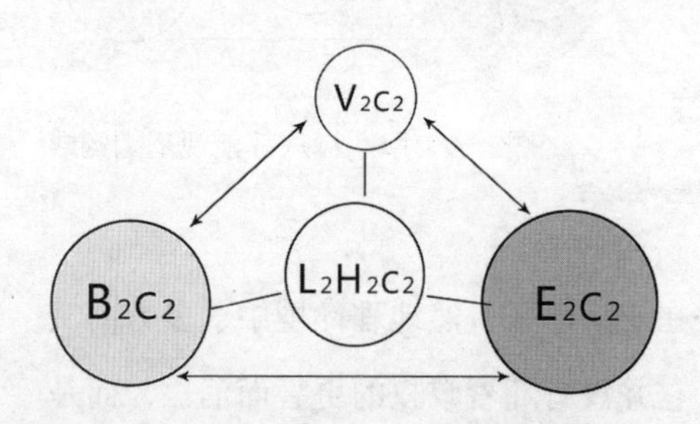

图6–5　商贸活动时期廿八都景观基因构成

三、新中国成立初期

到了新中国，廿八都顺利完成了土地改革任务。受政策影响，富人不再占有过多的财富和土地。政府将质量较好的建筑分给了贫农居住。房子主人的身份进行了互换，富人分到比较破旧的房子。同时，随着大量的外来人员涌入，廿八都的住宅布局发生了变化，不再受以前封建礼制的束缚，一套房子里住进好几户人家，厨房也搬进庭院。讲究功能、实用主义是当时的主要风气。这时景观基因模型如图6-6中所示，Bc元素波动比较大，呈现上升趋势，人们不再封建迷信，将庙宇改成办公室或工厂或代销店，从事生产活动，改革开放后不断开发的旅游活动使Ec元素和Vc元素的比例平稳而缓慢地增长。

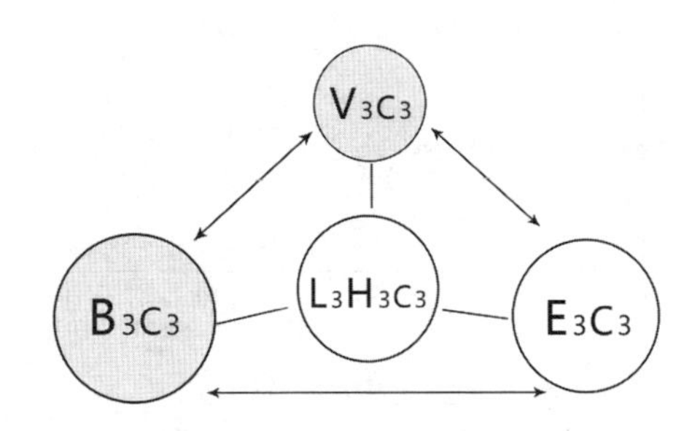

图6-6　新中国成立初期廿八都景观基因构成

按年代来看，廿八都景观在唐末、两宋时期初步发展，到了明清为稳步发展时期，清末民国为发展的顶峰时期，新中国初建时为磨难期，改革开放后则为成熟稳定期。根据各个阶段的社会状态和环境对廿八都景观文化的要求，Vc 元素整体呈现一个上升的趋势，Ec 元素逐步下跌，Bc 元素波动比较大。连接其历史文化元素比重转折点，利用模糊数学方法，基因历史流变下的廿八都景观基因轨迹变化如图 6-7 所示。从图中可以看出，廿八都的景观基因具有以下特征：首先具有文化遗传的稳定性，随着视觉文化元素的稳定发展，情感因素也在逐步地加强；其次受社会文化形态和自然生态环境的影响较大。

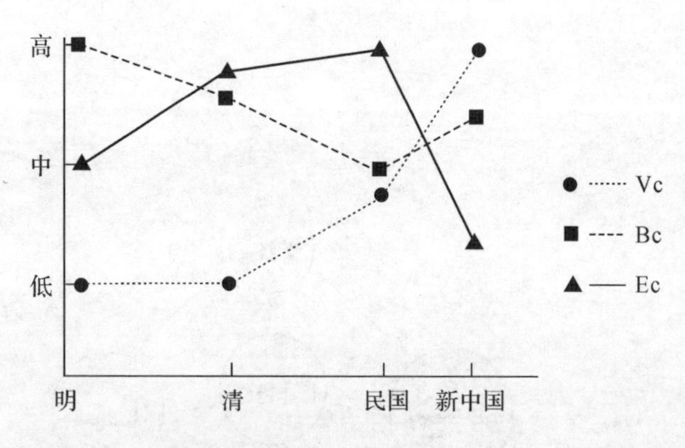

图6-7　历史流变下基因发展轨迹

总之，廿八都的景观特色鲜明，已经被列为国家物质遗产。将廿八都的景观艺术进行深入探究，利用基因学、聚落学以及历史地理学相关理论知识进行分析，需要继续挖掘廿八都景观艺术文化，系统总结归纳其特色内涵；以历史的流变为纵向坐标研究廿八都景观基因变化的轨迹，有利于掌握廿八都古镇生存的社会基础，也有利于乡村文化的保护研究。

●● 第七章 ●●

景观基因图谱构建

第一节　景观基因图谱理论

关于乡土文化景观“基因图谱”的构建方法，学术界已经开始进行相关研究探索。学者刘沛林在研究专著中指出：找到不同区域乡土景观的基因，就有可能建立不同区域乡土景观的基因图谱，从而有效推进文化景观、文化区划以及乡土地理学形态结构的研究。[①] 由此可以看出景观基因图谱的建立在区域文化研究领域的重要性和必要性。廿八都乡土景观作为重要的国家文化遗产，其文化价值应当被充分地挖掘出来，不能单独进行个体保护研究，应该科学分析整合，建立起景观基因图谱系统，这对研究当地的文化景观保护和传承都有着重要的意义。目前学术界倾向于对乡土二维平面景观基本因子的研究，对三维立面景观及其基因的研究却尚未涉及，对景观基因图谱的研究更未提及，这在某种程度上说明针对廿八都景观特征的研究还没有深入。廿八都的景观基因图谱尚未被研究，也未能真正建立起来，而这就是我们目前需要做的工作。

乡土景观基因图谱的建立是区域文化景观图谱的核心内容，这一点是不容置疑的。本章从二维和三维的双重视角开展廿八

① 刘沛林 . 家园的景观与基因 [M]. 北京：商务印书馆，2014.

都景观基因图谱的建设，并做一个系统的梳理，力求准确、全面地表现廿八都景观造型的文化艺术特征。

第二节　廿八都景观基因平面图谱

景观基因平面图谱指的是乡土景观的平面形态图，关键是看它的平面形态的独特性和相关性，这是整个乡土景观基因图谱研究的重点。由于廿八都处在崇山峻岭中，无论自然景观还是人文景观都丰富多样，这无疑对廿八都乡土景观的形成和发展产生了深刻的影响。这样独特的自然环境使廿八都文化能在不受外来破坏的情况下很好地保存下来，形成独具个性的浙西古建筑案例。乡土景观整个文化体系，也是在这种相对独立的环境下产生发展的，因而具有独特的个性魅力。廿八都传统乡土景观由于是在独立的文化体系和自然环境下衍生和进化的，所以它有着不同于其他地方的乡土景观体系的特点，而这种稳定特点的形成，是与它固有的景观基因或文化基因密切相关的。

同一个地理区域内，廿八都的景观基因往往会因为时间的变化或某些主题因素的改变而有一定的变异，但其形态类型还是一致的。在不同的历史阶段，廿八都这个传统村镇经历了多年的发展和变化，该保留的都保留下来了，该淘汰的东西基本上也淘汰了，现在我们看到的景观形态，是经过了漫长历史检验的，其中隐含着廿八都固有的文化基因和历史记忆。廿八都景观是由不同的细节组成的，从小的细节中，也能窥见传统廿八都的景观基因和景观个性。对传统廿八都景观基因中最有代表性和普遍性的廿八都建筑平面结构的基因图谱进行归类，有助于我们了解传统廿八都景观形成的特点。

廿八都古镇经过数百年发展和几代廿八都人的繁衍不息，使得其景观从宏观角度看，街巷布局受商业贸易活动影响和家族势力影响显著：两条商业街沿着枫溪贯穿古镇，主要景观节点都位于商业街上，部分景观抱团位于周边商业街两侧。

根据前文对廿八都景观基因的特征识别可知，其景观基因的形成更多受到自然地理和人文环境因素的双重影响，主要在古镇聚合空间形态基础上形成不同形式的演化，如图 7-1 所示。具体来看，其形成后的具体形态结构主要有团形、带状、条形。

廿八都的景观风貌大部分受控于主体基因——古建筑景观，主体基因相对来说是较为稳定的，是占有显著地位的基因。一般主体基因中的大部分都可以说是其共性基因进一步识别而提取的结果，是相较于其他传统乡村景观具有显著差异或优势的

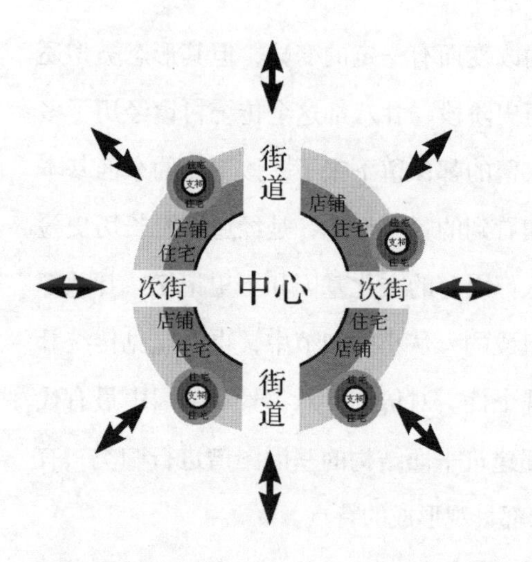

图7-1 混合式聚落布局

基因，是廿八都文化传承的根本和景观保护修复的重要关注点。古民居建筑景观是廿八都景观文化的主要承载者与集中体现之处，相较于其他地区的民居建筑，其以特色的建筑造型和艺术装饰而著称。廿八都以建筑景观为核心发展，是浙西山区民居建筑风貌形成与格局演变的典型代表。

廿八都古民居建筑布局受地域文化影响显著，与徽派建筑布局有着相似的地方，但也有不同之处。廿八都古民居整体为层进式合院布局，空间布局多为传统式内向型，高耸的外墙无法让人看见室内景象。根据文献资料和现场调研，我们认为，廿八都古民居建筑在整体形象、建筑结构以及院落空间布局方面的景观基因还是很丰富的，主要原因是经商使当地人贫富差距拉大，民居建筑的营造也迎合了不同人群的需要。上一章讲到廿八都民居建筑景观识别特征为沿中轴线纵深布置房屋和天井的传统层进合院式布局，现将廿八都民居建筑平面围合基因图谱归纳如下：普通民居以常见的三合院和四合院（三开间单天井，当地习惯称“三架两厅”）布局为主；大户人家为两个厅（五开间三天井或五开间单天井，当地习惯称“五架两厅”）。民居空间平面布局景观图谱如图 7-2 所示。

廿八都的商业模式通常是外地货物代销和当地自产自销的初级模式，街上的商铺作坊往往和住宅联系在一起，形成“前店后宅”的布局，临街的房间是对外经营的，里面的房间是生产或者存放货物以及主人的住宅。廿八都的两条商业街是南北走向，商铺都沿街布局。其建筑原本同住宅一样坐北朝南，但由于商业活动的特殊性，临街的空间往往单独改成商铺，里面才是主人的住宅区域，这就形成了与民居不同的布局方式。整体空间形态布局灵活，店铺、住房的间数根据总体建筑面积规划，商铺建筑普遍进深比较长，开间的间数与店铺的规模成正比。有常见的三开间单天井的四合院，也有五开间单天井、五开间双天井的四合院，还有规模比较小的单开间的筒制形房屋布局。

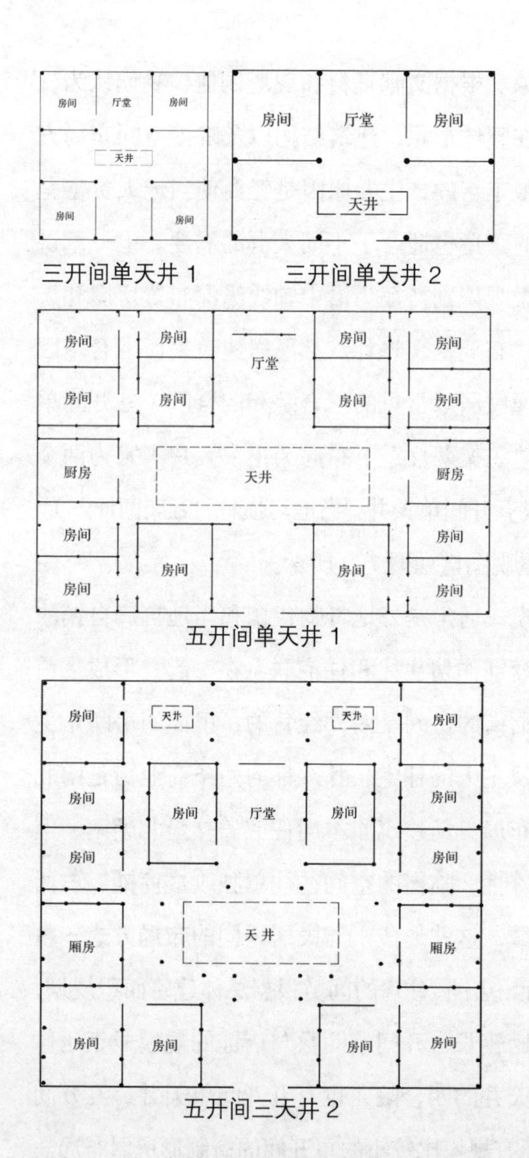

图7-2　廿八都古民居建筑景观基因平面图谱（多图展示）

对商业街道建筑空间的整体形象、建筑结构以及院落空间可建构图谱如 7-3 所示。

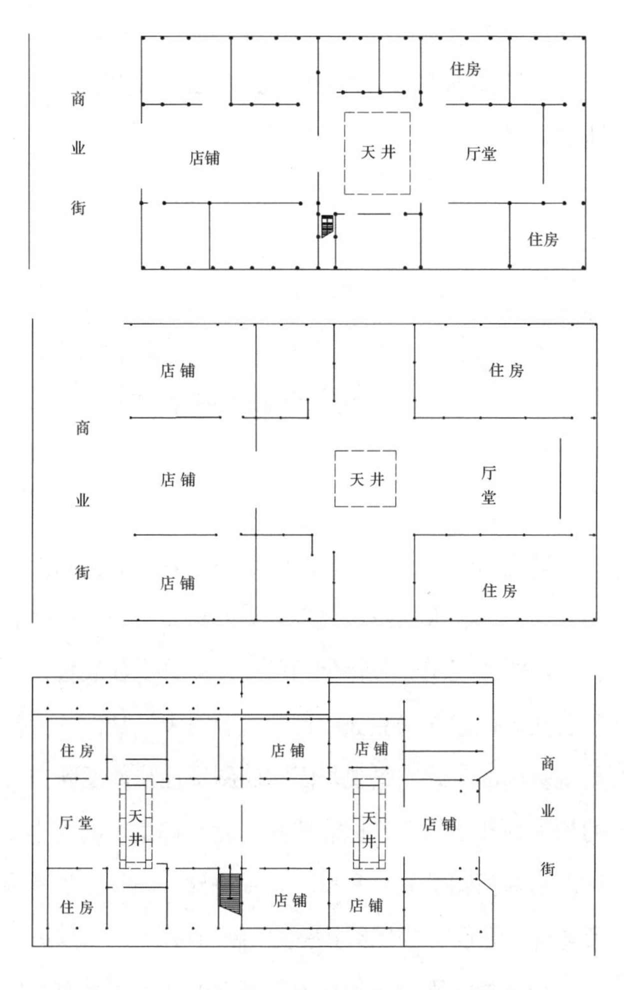

图7-3　廿八都商铺建筑景观基因平面图谱（多图展示）

庙宇建筑景观的平面布局不同于民居和商铺。通常建筑体积要比民居和商铺大，开间多，进深也大。建筑质量精良、宏伟。建筑景观多为 5 面左右，通常分为前殿和后殿，供奉的神灵不一样。对其整体形象、建筑结构以及院落空间可建构图谱如图 7–4 所示。

第三节　景观基因立面图谱

景观基因中的立面图指的是乡土景观的立面形态图，景观的立面形态和人们正常观察景观的视角一致。往往立面形态直观，最能体现出景观特色的所在，最具有代表性。许多研究以具有代表性意义的立面图谱为主要对象，从而达到识别廿八都景观基因的目的。景观基因立面图谱往往能反映出廿八都景观的相关性和序列性，也能感受到廿八都景观的细小差异。传统民居的立面图谱往往是反映景观差异、揭示景观基因变异的重要途径，它也是整个乡土景观基因图谱研究的重点。

景观基因原型作为抽象化概念的产物，具有一定的内涵，

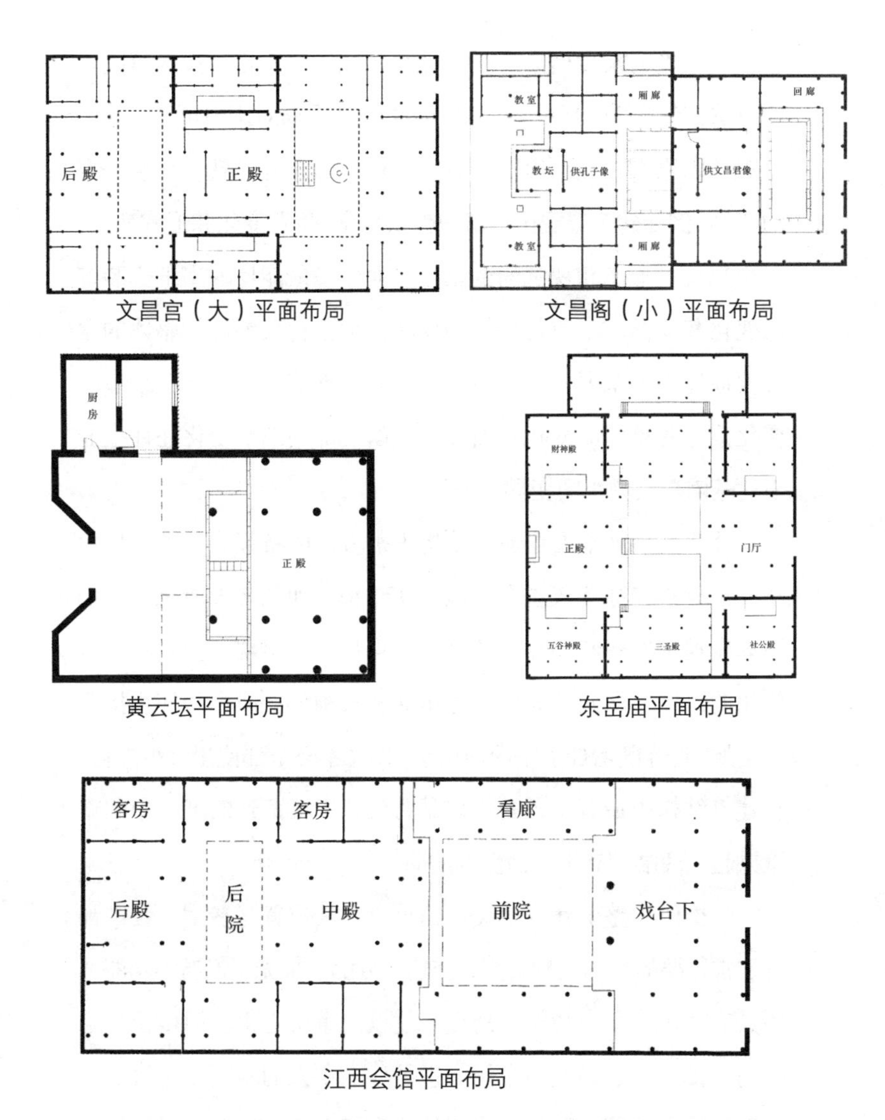

图7-4　廿八都庙宇建筑景观空间平面布局基因图谱（多图展示）

但没有精确的尺度概念。受到社会、经济、文化、技术等因素的影响，在具体的尺度上会产生差异，在图谱对比中更加显著。景观基因原本相同，但随着时间和环境的改变，就会发生一定的变异，例如建筑景观中的窗户数量变化、位置变化和形式变化，会引起景观形态和视觉的变化。立面形态最能反映出细部装饰的变化和变异。细节是整体的反映，细节构成整体，整体的含义要通过细节来展示。细节说明整体，细节表达整体，细节的变化意味着整体的变化。因此，立面装饰的细节变化往往也能表达基因极其微小的变异。

廿八都景观基因在建筑结构识别方面的特征为：木结构承重，抬梁式和穿斗式组合，混合式结构。如图 7–5 所示，人们逐渐发现抬梁式和穿斗式各自的优点后，就出现了两者相结合使用的房屋，即两头靠山墙处用穿斗式构架，而中间使用抬梁式构架，这样既增加了室内使用空间，又不必全部使用大型木料。在建筑结构中最有特色的应该是月梁：木梁两边略低，中间略微拱起，两端刻有生动而流畅的曲线。

门楼作为整个廿八都民居的重点，其位置与造型、装饰都是非常重要的，不仅有安全、交通、分隔、采光、保温等功能，还具有风水、象征功能，是房屋建设的重中之重。门楼位于宅院门外部，起装饰大门之用，也是住宅主人的脸面，直接反映主人的社会地位。要建一座门楼，高低大小、规制格局、材质

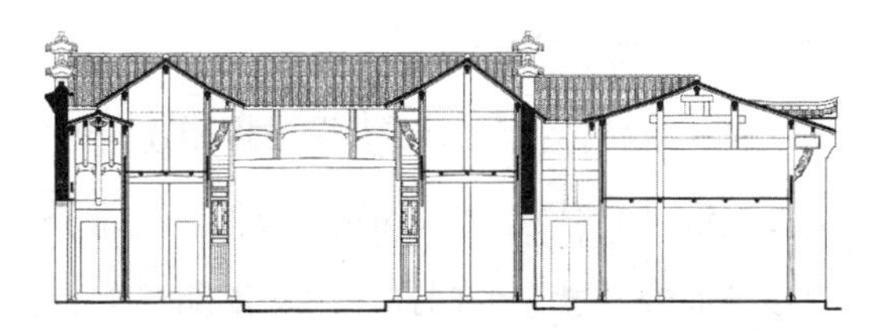

抬梁式建筑结构

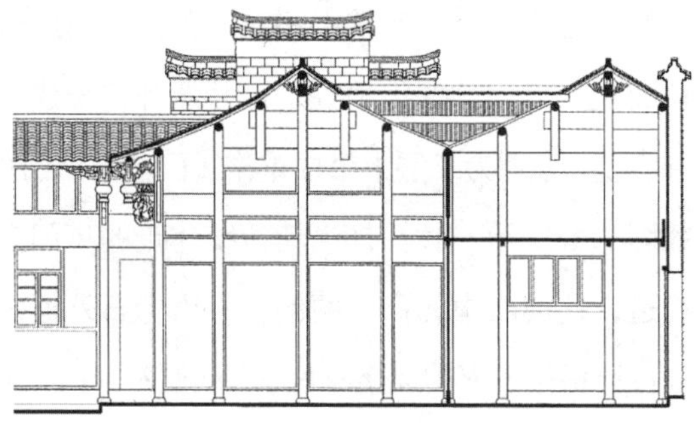

穿斗式建筑结构

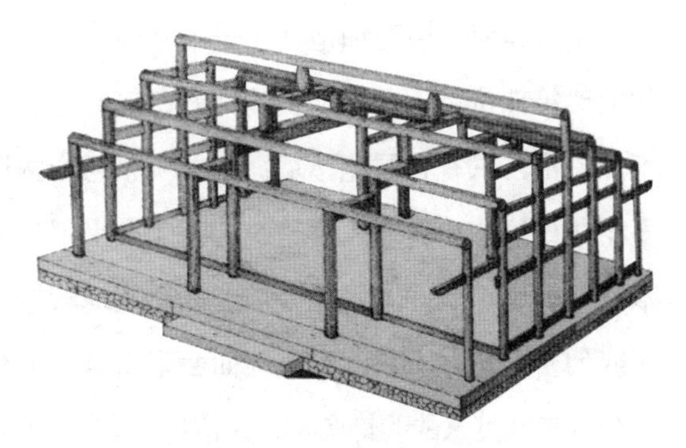

混合式建筑结构模型

图7-5　廿八都建筑结构景观基因图谱（多图展示）

用料都是有等级规定的。

那些或单体高耸，或沿街成排相连、形制各异的门楼尤为引人注目。门楼顶部结构和筑法类似房屋，门框和门扇装在中间，门扇外面镶有铁制的门环。门楼顶部有挑檐式建筑，门楣上有双面砖雕，一般刻有“紫气东来”的匾额等。斗框边饰有花卉、蝙蝠等吉祥图案，有锦上添花之美感。民居建筑外立面最具特色的是入口门楼的披檐处理，廿八都传统建筑的门罩主要有两种类型，分别为二层十吊柱重檐式门楼与单门单层飞檐式门楼，如图 7–6 所示。廿八都当地传统建筑的正门多采用“八字门”构造，这类门中间高、两侧斜，用青石外框进行精雕细琢。门庭设计根据各家的风俗喜好，在门槛石或门角石上采用浮雕、镂雕等手法装饰。

建筑界面（墙面和地面）景观基因特征是，墙面多在勒脚与围墙等部位采用取材便捷的卵石砌筑。卵石基脚与建筑外墙不加粉饰，只有在屋檐下墙面用白灰浆粉饰两块砖的宽度，并墨绘花鸟纹饰。普通民居建筑的外墙多采用朴素自然的竹筋或木筋夯土墙，大户人家的外墙多采用质地较好的开斗清水砖，灰缝匀密，色调古朴淡雅。地面会采用卵石进行铺设，通常会结合有美好寓意的装饰图案，如植物、动物、八卦等图案造型。关于廿八都墙体、地面材料铺装景观基因图谱如图 7–7 所示。

图7-6　廿八都古建筑门楼立面景观基因图谱（多图展示）

图7-7　廿八都墙体、地面材料铺装景观基因图谱

在建筑景观基因识别中廿八都的窗棂形式多样，窗格部分不饰色彩、组合多变，有步步锦、万字纹、冰裂纹、回字纹以及横竖直棂等多种几何纹样，窗格中间图案如芭蕉、寿桃、葫

芦等均被广泛运用。绦环板和裙板是雕刻装饰的重点部件，装饰内容从文人圣贤、神话传说、历史故事，到珍禽瑞兽、山水风景以及博古器物等均有涉猎。雕刻注重画面构图，形象刻画生动灵活，极富传统古典美学的韵味。

现将常见的廿八都建筑构件门窗基因图谱总结如图 7-8 所示。

图7-8　廿八都建筑构件门窗基因图谱

关于廿八都古镇传统建筑景观基因中的雕刻特征有：木雕刻主要集中在梁枋、“牛腿”、雀替等部位，就精美程度而言以梁枋、雀替、“牛腿”等梁架装饰最为精美。例如，姜秉镛宅天井周围的梁架，柱身不施色彩，减柱的位置为雕刻细腻、富有层次感的花篮柱；姜遇鸿宅上堂的月梁为浮雕刻画的戏曲场景与麒麟纹样，呈现出精美繁复的艺术形象。雀替是建筑立柱与梁枋相交处用以加强梁顶端支撑的构件，集功能与装饰于一体。例如杨光瑞老宅的一组雀替，中间以浮雕与镂雕手法结合，刻画出栩栩如生的戏文场景，外轮廓为拐子龙与卷草纹组合，构图恰到好处。挂落作为雀替的延伸已经失去结构功能，当地常见的挂落多由 4 根垂花柱组成，形态多为八字圆弧，拼接形式不拘一格。廿八都的“牛腿”个头虽不大，但精雕细作，以多层次的浮雕、丰满的构图来表现生动的形象，有“和合二仙”“八仙”以及“福禄寿喜”四神等人物题材，也有“松鹤延年”“鲤鱼跳龙门”等吉祥图案，以及卷草纹、神兽、博古架等多种组合纹样。在雕刻中常见的装饰图案基因图谱总结如图 7-9 所示。

图7-9　廿八都景观（纹样、人物）图案基因图谱

第四节 小 结

本章从宏观整体到局部考虑，从整体廿八都街巷景观形态到局部建筑构件，对廿八都景观整体风貌进行了图谱构建。根据廿八都景观基因功能与重要程度，对各类型文化景观基因进行了提取，并对廿八都景观起调节作用的关键特性与脉络进行了简要论证说明。廿八都景观涵盖要素甚广，对相关图谱构建的景观基因提取与选择依然根据其功能重要性，遵循总体优势性或唯一性原则，对处于移民社会和传统农耕生活的模式及其细节进行探究。

廿八都古镇的建筑、人居空间环境带给人们一种幽静、恬美之感，这不仅是地方文化、中国传统文化的体现，更是为世界历史文化留下的宝贵遗产。我们之所以欣赏和研究廿八都的古建筑，体味浙西南文化，更多的是因其古建筑景观的形态美保留着较为完整的当地原始风貌、自然秩序和理性的人工秩序，正如有句话说的：美的展现是物化自然、人化自然，它将人类的物质世界与精神世界有机结合。

而对于廿八都景观的表达形式，除了以往昔的形象与意象感知为主体，还可以从文化基因的角度进行深层次的、基于发生学、类型学和形态学的探讨，不仅有助于挖掘廿八都古建筑景观最核心的历史记忆和环境记忆，也为文化景观的研究提供了新的思路和方法。

廿八都的景观基因可以按照不同的方式构建图谱，按照表达的维度可以有平面图谱与立面图谱的形式，按照时空格局可以有时间图谱与空间图谱之分，按照区域属性可以有区域内图谱与区域外图谱的区分，总之，传统乡土景观基因图谱的构建是可行的，但全面构建又是极其复杂的，非少数人在短时间所能完成的。对廿八都景观基因的保护，应强调景观基因的完整性和整体性，并以此为基础，构建完整的景观基因保护体系，从而展示景观基因的完整性特征。

第八章

古镇景观调研

第一节　廿八都古镇调研

1982 年，我国颁布了《中华人民共和国文物保护法》，并于当年公布了第一批历史文化名城，随后在 1986 年、1994 年又先后公布了第二批、第三批历史文化名城。廿八都于 1991 年被浙江省人民政府公布为首批省级历史文化名镇。2000 年 2 月，浙江省政府文件改廿八都为历史文化保护区，使得廿八都古镇的知名度从衢州边陲逐渐传向全省。2007 年，廿八都被列为中国历史文化名镇；2008 年，被命名为中国民间文化艺术之乡。

廿八都有文物保护单位 33 处，其中古公共建筑 11 座，1 座为省级文保单位，10 座为市级文保单位；类型丰富，包括庙宇、宫阁、祠堂、关门楼、石拱桥等。明清时期较大规模的民居建筑共 34 幢，其中 22 幢为市级文保单位，12 幢为推荐文物保护点。

自 2017 年到 2020 年，我们组织小组成员对廿八都进行了 10 余次的现场调研工作。现将调查结果表述如下。

廿八都浔里街进行了商业旅游开发，主要区域在乡镇北部的浔里村，很多景观进行了修缮和增设。南侧的花桥村和枫溪老街维持老街原状，没有进行商业开发；浔里老街保留了很多高质量的明清建筑景观，整体有利于开发旅游；很多建筑保存也较为完好，多数还在使用，部分建筑景观处于关闭维护状态。

枫溪村商业街情况堪忧，很多古建筑已经废弃，保护状况不容乐观；浔里村周边现代化建筑较多，老居民迁出古居，盖了新房，过上了城镇化生活；年轻人不再居住在廿八都古镇里，村里留守老人很多，我们有幸在洵里街采访到了 90 多岁的姜姓老人，他听说我们过来调研，很热情地介绍了洵里街的情况，如图 8-1 所示；浔里老街商业化改造气氛太浓，建筑装饰的形态和材料未能做到与古街道风格相统一，导致廿八都古镇的范围实际上在不断地缩小，这也是其他历史文化古镇在新时代遇到的问题。在城镇化与旅游业双重的压榨下，大部分传统廿八都景观面临

图8-1　小组成员浔里村采访姜姓老人

着自身命运的两难选择：要么被城镇化所吞噬，成为一个新的城市；要么受旅游业影响，被当成开发项目而保留下来。

第二节　调研总结和分析

通过本章第一节的调研，我们总结出廿八都景观现存的问题：一是在自身方面——建筑年代久远，需要投入精力和财力去维护；二是由于旅游业的不规范操作。之所以产生这两个问题，是因为：第一，产品同质化严重，缺乏感染力和特殊性，充斥工业化产品，且展馆多为静态展示，感官体验非常有限。第二，现代化细节时有出现，破坏乡土原真感和整体风貌感。第三，旅游资源整合非常有限，与周边景区结合力度不够。第四，游览点的数量和规模以及游览线路有限，且缺少多种休闲产业支撑，缺乏农耕体验项目，不能有效留住游客。

小组在调查中也发现：当前生活在乡镇中的主要群体是老人和孩子，且留守老人居多，如图 8–2 所示。青壮年则前往江山市区工作或者已离开乡镇前往其他城市发展。虽然在廿八都

图8-2　浔里村老人在自家劳作

东面、乌石块等外围地区已修建像炉峰小区一样的迁出安置性住宅，但两区块居民之间在生活上的联系也就此被淡化抑或切断。在位于江浦公路西面的“前山坂”区域新建起了酒店和商用房。

廿八都面临建筑景观老龄化的问题。由于建筑年代久远，加上传统建筑材料多选用木材、墙面采用沙泥、房顶铺设瓦片，这些材料一个很大的缺陷就是耐久性的问题。首先，江南地区多雨水天气，加上梅雨影响，潮湿的天气对木结构建筑影响很大。多表现为雨水腐蚀建筑构件，造成建筑的不牢固。其次，虫蚁蛀蚀也给当地古建筑的保护带来了麻烦，木质柱梁较容易成为虫蚁等昆虫筑巢的场所。这些自然条件的限制，使廿八都古建筑要做到永久的保存有很大的难度。廿八都地区明代古建筑所剩不多，清代的建筑虽然存量可观，但保护情况也不容乐观。

现在当地政府开始注重古建筑景观的保护和开发，大量原始居民迁出廿八都古建筑，被安置到周边现代化建筑里，居住环境得到改善。这确实有利于古建筑的保护，但是也会带来问题。空置无人居住的建筑老化更快，不容乐观，尤其是枫溪老街的现状，确实令人担忧。当地人大量迁出不仅仅是政府的行为，更多是受城镇化影响。由于土木结构超越使用年限，建筑构件损坏、设施陈旧、采光通风及卫生设施的问题均无法满足现代生活的需求。

廿八都镇布局本身的问题。我们走访了枫溪街道，如图 8-3 所示。街道保留着古老的建筑，但是由于长久未有人管理，很多建筑已经年久失修，快要坍塌，木结构构件暴露在外面。传统建筑以砖木结构为主，防范火灾是木结构建筑的一项重要课题。廿八都景观聚居也相对集中，临近的邻里距离虽然有助于情感的交流，但也给灾害的防范带来了难题：

（1）沿街建筑多为前店后宅式，居住与商业功能混杂，加之缺少管理，易燃火源繁多。

（2）建筑装修材料以木材为主，耐火等级较低，且不容易做防患措施。

（3）街巷曲折窄长，缺少消防设施及消防通道，消防车不容易进出火灾现场。

（4）虽然建筑本身具有防火山墙，但建筑密度较大，火情一旦出现容易蔓延。地方消防建设和管理的疏漏也使得历史古镇面临火灾的威胁。

对生活环境的改善要求导致传统乡土景观风貌发生了改变。经济能力允许的村民尽可能地迁出去，改变自己的生活环境；经济条件不允许的居民选择推倒旧房兴建新房，但是在兴建房子的时候传统建筑保护意识不强，造成新建筑无法与老建筑形成统一的风格，甚至于不伦不类。

廿八都地区在新中国成立以前、初期和当代社会这三个时

图8-3　调研小组在枫溪街店铺现场调研

期的建筑景观风格已经出现了明显的变异，传统建筑的更新是影响廿八都景观风貌的一个重要因素。公共建筑与民居建筑聚居而建，相互依存。随着社会经济水平迅猛提高，村民想要改变自身居住条件的想法日益迫切，各式各样的现代住宅出现在传统廿八都景观中，这本在情理之中，然而由于缺少正确的规划与指导，建筑的形式和结构也发生着较大的改变，新式的建筑从体量、形态、材料等方面与传统建筑有着很大的不同。现代的建筑结构也在逐渐取代曾经的建筑，现代的涂料和瓷砖代替了青砖白缝，这些生硬的结合显然很不协调，应该做到“修旧如旧”。

传统廿八都景观实体的存在依赖于它周围的自然环境，它的产生与发展依托于山脉、水系、植被和生物等生态环境。随着现代社会的发展，人类改造环境的能力相对提高，却给自然生态带来了很大影响，甚至破坏力很大。破坏主要来自于对自然资源的无度利用和村镇自身发展的扩张两个方面。传统的生活方式如农田粗耕、伐木取火，降低了自然资源的承载力。气候水文的变化、农药化肥的使用、生活污水的倾倒等其他原因则使得水系污染、水土流失，对古镇周边环境造成了严重的破坏。

廿八都景观当中的水系正在逐渐地萎缩，这对廿八都景观产生了一定的影响。人与自然间的关系正在面临着考验，甚至对立起来，这样下去的结果是非常可怕的。古代文明“天人合一”

的宇宙观，注重人与自然的和谐共生。传统的农耕社会强调“取自土地，还于土地”的循环经济，饱含着对山水的珍惜。乡村发展政策与历史文化乡土景观保护确实存在矛盾。国家现在大力推行乡村振兴政策，政策和财政均支持古村镇的保护和改造。平衡好产业发展与传统景观风貌保护之间的关系，是解决廿八都景观保护的关键。

而目前存在的问题是，景观保护的思路过于单一，不够全面。景观的形成，不能单单认为是古建筑的功劳。古建筑是主体景观基因，但是一些附着基因不能被忽略掉。在当今社会发展中，乡村传统非物质文化遗产正面临着衰落。随着外界宣传力度的逐渐增大，作为文化遗产的传统廿八都景观亟待保护，作为生存的基础，传统廿八都景观也需要向现代化发展，漫长的生活环境的改变，将给它们的保护与发展带来一系列的困难。我们在对待传统廿八都景观保护的问题上，在较长的时间内采取相同的办法，未能与时俱进。随着时间的推移，传统廿八都景观及构成它的古建筑不仅自身状况在发生着变化，而且它们所依赖的自然环境也在逐年改变。

随着 2008 年 11 月京台高速黄衢南段的通车，廿八都作为衢州地区保存尚完好的传统民居建筑群，而成为城市人们所热衷的旅游目的地。据统计，廿八都自 2001 年 6 月开始接待游客，年均在 9000 ～ 10000 人次，2005 年到 2006 年共计接待游客 18000 人次，增长了 1 倍左右。旅游开发在给廿八都带来经济增长和发展活力的同时，也带来了诸如环境污染、噪声污染、交通拥挤等方面的问题。首先，随着游客量增加，呈现出淡旺季游客量不平衡的现象，旅游服务设施更新不快，旅游内容挖掘有限，产品内容单一。其次，旅游产业造成了商业网点的激增，游览主线周边商店的开设及门面的装修破坏了古镇的传统风貌，建筑功能的变化破坏了原来的民居格局。最后，游客的增加，不仅给当地环境带来了污染的压力，也给当地居民的生活造成了不可避免的干扰。

第三节　现有保护措施

1992 年和 2002 年由东南大学仲德崑教授主持，先后完成了对廿八都当地建筑单体的课题性研究和《廿八都镇保护与规划设计》。1994 年东南大学建筑系对廿八都古镇进行了深入考察和研究，之后形成了一个名为“历史文化名镇廿八都保护与建设规划”的保护构想。自 2003 年起江山市政府就确立了“政府主导、企业主体、市场运作”的工作思路，并先后编制了《历史文化名镇廿八都保护与规划设计》《浙江省江山市廿八都古镇保护与旅游发展总体规划》《江山市廿八都古镇保护与旅游开发项目总体策划》《江山市廿八都古镇保护与旅游开发项目初步设计》。通过上述这些工作，我们才能在今天还能见到一个格局相对完整的传统乡土景观——廿八都。

2004年，廿八都古镇保护与旅游开发项目被列入浙江省重点建设项目。开发项目总面积为37.1公顷，自2008年4月分三期进行实施，总投资约2亿元。其中第一期投入7868万元，第二期6000万元，第三期6132万元。第一期完成征迁300亩土地，其中160多亩用于农户安置建设，安置农户162户，完成景区“一口三线、七大节点和十三个陈列馆”及其基础配套设施的建设。2009年10月廿八都古镇一期工程竣工，景区开业。

《历史文化保护区保护规则总则》规范了廿八都历史文化保护区的保护控制范围。规划的原则是：首先要满足当地居民的基本生活要求，以提高人们的物质文化生活为基本点；其次要坚持合理旅游开发，遵循客观历史文化，挖掘原有的历史风貌和文化观光价值；最后要坚持与环境保护密不可分，走可持续发展道路。

在古镇格局与风格特色保护方面，绘出了廿八都历史文化保护区规划框架图，对此有了一个完整的整体保护的意识，从节点、轴线和区域三个层次进行了规划保护，即历史景观节点，包括自然景观——溪流、水池、植物；以历史风貌带为轴线；两条商贸古道——浔里街和枫溪街。风貌控制区作为区域，是具有群体价值的传统居民区，包括对古镇范围进行适当的延伸。也分别对廿八都区域的用地性质、功能以及交通、新建房屋做了划分和要求：这些都要充分保障原居民的生活需求和合理保护古镇古建筑景观。

在历史街区的保护方面，明确了重点保护区范围以及具体保护措施；划定风貌协调区，对沿河风貌带、历史街巷风貌带以及传统民居进行了规范。

在文物古迹的保护方面，明确了文物古迹单位和基本情况，规划了文物古迹保护范围以及周边建控范围，所有古迹的修复要按照《中华人民共和国文物保护法》的要求进行。

第四节　调研保护建议

在我国以往众多的传统廿八都景观保护案例中，单纯地运用保护或旅游开发的手段进行维护，均存在自身不可避免的漏洞，也会造成越保护越破坏的局面。随着社会的发展、生活水平的提高，传统廿八都景观也需要谋求发展，选择更加合理的保护措施，以适应现代人对于美好生活的需求。

一、要明确廿八都景观保护与发展的理念

一是“有形”与“无形”相结合，对廿八都的物质空间环境和非物质文化遗产总体把握，两方面保护共同进行。既要保护当地的传统建筑、廿八都景观布局、历史风貌，也要传承当地的语言、戏曲、风俗。二是“保护”与“创新”相结合，对廿八都的文化景观的保护要尽可能地借助新颖的文化艺术产业，将艺术手法融入文化景观当中，丰富传统文化景观的内涵，变被动式的保护为主动式的创造。三是“乡土”与“时尚”相结合，民俗文化展示和时尚休闲产业相融合，浓缩提炼乡土文化，通过时尚创意途径将休闲产业植入乡土文化，使人们对乡村活动更有兴趣，对乡村体验更有乐趣，使乡土文化更有意趣。

针对目前存在的问题，在新时代背景下廿八都古镇景观如何进行有效的保护与发展，特提出以下参考建议。

（1）要继续严格执行已为廿八都制定的《历史文化保护区保护规则》，确保政策执行到位。保护廿八都古镇的整体空间形态和传统的街巷格局；保证古建筑的特色风貌和文物古迹有

效保存下来。根据当地现状及历史村镇保护的相关规定，协调好廿八都景区核心保护区、建设控制区和环境协调区的具体保护和保障工作，做到既使原有住户的基本生活需求得到满足，又能使景观不受到破坏。

针对保护等级不同、建筑质量各异的建筑分别采取不同的整治方法，保护古镇的整体结构和历史风貌的真实性、完整性、延续性。对廿八都的建筑根据其价值和保护状况提出以下几种保护模式。修缮：对古镇内的文物保护单位、保护建筑和比较有代表性的传统院落分别进行重点修复、现状修整、防护加固、日常保养。维修：对情况较好的历史建筑和历史环境，在不改变外观的情况下对其进行有效的加固和保护性复原。改善：在不改变外观的情况下，对古镇当中具有一定保存价值、格局完整、传统风貌较好，但建筑质量一般、难以适应现代生活需求的历史建筑进行内部的结构调整，改善居住条件，增加或更新水电设施。保留：对建筑质量较好，外观与历史建筑能够协调的一般建（构）筑物予以保留。整修：对建筑质量尚可，但风貌与历史建筑不协调，由于历史原因无法立即拆除的一般建（构）筑物，根据历史风貌改变其外立面。拆除：对通过整修或改造的方式无法同历史建筑相协调的一般建（构）筑物，以及建筑质量较差和临时搭建的建（构）筑物，应予以拆除。对浔里街、枫溪街等历史老街的路面进行整治，针对基础设施进行改造，恢复原来的铺石路面。选定部分具有一定保存价值、格局完整、传统风貌较好，但建筑质量一般、难以适应现代生活需求的历史建筑，由政府统一集中规划，对其内部空间和功能结构进行合理改善，并作为古镇的示范建筑。这样能够增加专门的空间，让各类群体都有公共活动的地方。另外，在保护建筑整修的过程中可以开辟一些具有休闲功能的现代空间，比如茶室、咖啡屋、客栈等。这类建筑不仅能为城市游客提供短暂停留的场所，还能丰富当地居民的生活。这并不意味着将各种前卫的元素一同塞入古镇，这些现代休闲空间所具有的“慢生活”的元素恰恰迎合了当地的生活节奏，也能够带去不少时尚的气息，成为乡村旅游的一大亮点。这非但没有改变原有的街巷肌理，还给古镇加入了更多的活力。

（2）根据时代特征优化古镇保护策略。关键是提高当地人的保护意识。保护主体的漠然、执行的政策不到位都会导致廿八都景观的破坏，因此关键还是要发挥人力的作用，充分调动主观能动性。要实时优化政策，有效激励政策下才能把保护工作做好、做到位，要顺应社会发展趋势，提高保护的意识，制定有效的保护政策，利用当地特色文化再创新的增值空间，充分调动村民的积极性，用各种措施提高当地人的保护意识，进而有效地保护古镇的文化。制定切实有效的整体保护机制框架，加强空间管理和保护控制技术能力，制定可以阻止古镇景观进一步老化和破坏的措施；以廿八都古镇整体保护为基础和原则，合理优化利用资源，进行增值空间再开发。治理好监管和惩罚机制，对破坏古镇文化起到约束作用。增强古镇景观与周边景观之间的联系，扩大文化价值。

（3）旅游产业的转型升级。目前廿八都已经成功地引进了旅游产业，为全国 5A 景区。每年吸引来自全国甚至全球的游客驻足参观，但是产业还需要转型升级改造。一是根据市场的需求转变传统旅游业的营利模式，从门票经济转向产业经济，重视当地文化资源的竞争力，逐步以休闲度假替代旅游观光，如乡村民宿度假、乡村度假综合体验等新兴的休闲旅游项目。二是通过对廿八都公共资源的整合，进一步挖掘具有当地情怀、传统乡愁的本地文化。开发农耕文化产业、乡村手工艺活态展示、农业历史多维体验活动项目，以带动古镇的建设，建立好村镇居民创业和就业的平台，拓宽农民的经济收入来源，使得外出务工的中青年可以回归家乡，激活古镇建设人的因素。三是需要对廿八都古镇的建筑艺术、手工技艺、民俗艺术、物产风貌等元素，进行全方位的加工，使产业多层次结合，形成丰富的文化产品和体验活动。

二、要开发特色农副产品，发展创意文化产业

廿八都的竹子资源丰富，生态环境良好，文化氛围浓厚，

产业发展应立足于传统生活，利用当地的优势资源。廿八都的商业经营内容应当从居民的传统生活中提取，如传统的手工艺品剪纸、蓑艺编制、竹工艺品等，传统的饮食铜锣糕、廿八都豆腐、手工酒等。特别是当地的木砖石三雕和壁画具有极高的艺术价值。这些能够营造出古镇特有的生活氛围，突出乡村情怀。此外，乡村的发展更重要的是盘活产业。通过文化产业的引擎作用，加速产业结构调整和产业融合。引入一系列的创意文化产业，以廿八都当地特色音乐节、古镇农产展销节、古镇传统文化节等示范性项目为引领，完善古镇文化产业价值增值链。以特色文化、特色文化产品、特色文化服务为主题，令文化产业成为廿八都旅游产业的推动力量。这也会使居民的生活得到改善，从而带动当地创业就业氛围的提升，进一步促使在外务工的中青年回归家乡，解决发展人力缺失的问题。

三、完善研究体系，加深产、学、研项目合作

与高校和科研机构开展合作，不断提升廿八都古镇影响力和深挖学术价值。2021 年廿八都镇政府已经开始与衢州学院签订合作协议，将廿八都古镇作为衢州学院建筑工程学院学生的实习写生基地，这开了一个好头，如图 8-4 所示。2021 年 1 月 11 日上午，“衢州学院—江山廿八都大学生实践基地”在廿八都古镇揭牌成立。衢州市副市长、九三学社衢州市委主委田俊，

图8-4 衢州市政府、衢州学院与廿八都镇政府展开合作

江山市政协副主席、九三学社江山市基层委主委毛水芳，衢州学院建筑工程学院党委书记吕彩忠、院长姚谏、组织部副部长向翠林等参加了签约、揭牌仪式。

通过对传统村镇的保护技术、保护策略、资源利用等方面的研究，加深与科研单位及专业性大学间的合作。通过建立和完善传统廿八都景观保护的研究体系，进一步寻找适合当前国情和社会实际情况的保护方法，使得保护模式更加科学、更好操作。

开展廿八都景观基因研究，建立廿八都景观基因库，抢救优秀的历史文化遗产。借助生物学基因的概念，利用多学科的理论和技术，挖掘和归纳出廿八都景观形态艺术特征，系统地总结出廿八都景观图谱，为以后政策的制定和保护修复工作服务。以景观基因理论为依托，对廿八都景观进行全面系统地识别并构建相应的基因图谱，是对各景观要素的性质、功能与重要程度的深入认识，可为当下廿八都景观建设与保护修复提供新认识、新思路和新方向，对廿八都的演绎传承和开发利用具有实际借鉴、应用的意义。当前全国大力推进乡村振兴建设，乡村基础研究性工作是对传统技术的探查，亦是对乡土艺术的摸索，而探索浙西南山区人文景观，是对当下历史文化乡村发展诸多问题的思考，是受地域特色文化回归的思想触动，顺应了时下人们对精神生活向往和美好生活的追求。同时能够对乡村人居环境的建设和发展起到积极作用，对相应的国家、地方政策实施、和谐社会构建具有一定的意义。

第九章

景观基因保护途径

第一节　景观基因保护理论

对于廿八都乡土景观的保护，已经展开了很多有效的工作，相关部门和当地居民也做了大量的工作，保存了这一优秀的文化成果，并积极开发，带来了经济效益，但是在实际的保护和开发过程中还是存在一些问题，主要是对乡土景观概念的理解片面化，保护手段程式化，没有把廿八都景观看成一个系统的工程，景观基因理论的提出正好填补了这一空白。

景观基因是借助生物学科基因的概念原理来探索人类生存环境演变的规律，它是跨学科、多角度的研究。以生命科学的角度来研究乡土景观文化，是一种全新的尝试。基因学理论属于生物学，研究的对象是生命、客观存在的对象；乡土景观相关研究属于历史学、文学、艺术学等学科的范畴，研究的对象是人们赖以生存的空间环境。这是不同的思维方式，突破了以往专注于自然风貌、村落格局、房屋特色等研究的局限性，景观不再是“修旧如旧”那样简单。两者的有机结合是以一个全新的、客观的角度诠释乡土景观的过程以及人对生存环境的影响。

廿八都乡镇不能简单看成一个静态的物质存在，因为它不仅仅存在于空间里，更是在时空里发展变化。从景观基因角度看，景观特色的消退，是因为历史文脉断裂，不能正确处理保护与利用的关系。法律法规体系不完善；管理体制不健全以及公众参与的途径不健全；措施不到位，不能正确处理保护古城风貌与改善人民群众居住条件的关系；保护资金严重不足，都会影响当地景观保护和发展。景观基因是一个完整的整体，要有统筹的观念，要考虑景观保护与开发中的内涵问题、地方问题、特征性问题、可持续利用问题、与社会共同进步问题等诸多方面。这才是正确处理传统乡土景观保护与开发中现有问题的新理念和新方法。

对于廿八都景观出现的问题，可以从两个方面进行分析，首先是显性物质载体现状及问题。前几个章节已经探讨过，古建筑的营造方式和维护比较烦琐并且费用比较高，村民自己不愿意负担，会放弃维护以及另选新址重建。廿八都有较多传统建筑破败不堪，逐渐消失殆尽，被遗弃的建筑增多，使得很多建筑空间肌理断裂，尤其是在枫溪村和花桥村，这样的问题比较明显。城镇化对于廿八都的影响还是比较大的，大量青年前往城市流动居住，这样就会导致古镇常住人口逐渐减少，村庄出现了“人走房空”的现象，留下来的多是老人和小孩。当老人故去，小孩被父母接到身边，永久弃房与暂时性弃房就出现了。

随着周边城市的发展对传统村落的冲击以及政府部门政策下的改建、修建、翻建，较多传统村落拥有了许多不同的“皮肤”，各种不同时期的建筑外貌，混杂着不同阶段的元素，整体协调度失衡。在这几百年的漫长发展中，各个时代都在这片土地上留下了自己的痕迹。建筑从单独的井厅式院落发展成为组合式院落，进而在现代文化的影响下，周围有了矮层楼房，最后又变为洋房。建筑材料也是从以前的青砖灰瓦白墙变成了现在的水泥瓷砖贴面，完全呈现了从历史传统建筑过渡到现代建筑的景象。风格大相径庭，带来的是各式建筑风貌的不融合。

其次，廿八都文化基因隐性非物质载体现状及问题。生产生活方式对古镇的影响是很大的。从清朝开始廿八都成为浙闽边界的商贸中心。但是新中国成立后，随着交通方式的改变，古镇的贸易中心位置消失了，随着高速公路与省道的发展，建立了四通八达的公路交通网络，廿八都不再有以往的繁华。当地居民的意识形态的不同会导致对事物的理解、认知也有所不同。改革开放后，人们渴望过上优越的物质生活，而对传统文化多少有点不屑一顾，觉得那是“旧”的，以至于对传统村落物质文化和非物质文化不但不保护，还乱搭乱建乱拆加搞破坏，没有清楚地认识到传统文化的价值是不可估量的。在文化的认知上也总觉得新潮的东西才是好的，对于这些陈旧以及伴随身边多年的东西并不太在意。受启发于可持续发展的经典定义，传统乡土自身可持续发展是指既能准确有效地传承传统乡土自身的历史文化信息，又能保证其信息以原真性、典型性、独特性的景观形式永续地传承下去，并使其能与所处时代背景和社会环境进行有效对话与和谐共处，以获得永恒的生命力。景观基因完整性理念体现了传统乡土历史文化信息在数量、质量、种类、信息、时序等方面的完整性，能满足传统乡土景观基因信息以其原真性、典型性、独特性的景观形式进行展示的要求，符合传统村落自身可持续发展的内在要求，这种理念下的实践也得到了地方政府和居民的广泛接受。

历史古镇景观的保护与开发工作是一个见仁见智的复杂话题。本书从景观基因的视角，探讨了景观基因完整性理念下的问题,希望能为传统乡土景观的保护与开发提供一个新的思索领域。

第二节　景观基因保护原则方法

解决景观保护过程中出现的问题，不能简单地只针对问题提出方案，而是应当从宏观角度出发，在景观基因理论支持下，明确保护的不仅仅是某一个节点景观，更是整个景观基因，这样才能找到景观保护的根本途径。在廿八都景观基因保护中应坚持以下四点原则。

（1）完整性原则。在廿八都古镇景观保护中，把古镇景观视为一个生物体，每个节点部分都是构成生物体的重要的基因单元，基因之间相互联系、相互影响。在古镇景观更新中，要保证基因之间的和谐关系，按照基因信息进行传承发展，保证景观基因的完整性，更新后的景观传承不违背原有特色风貌。

（2）真实性原则。在景观生命体发展的时候，要重视基因的作用。古镇的景观不可避免地消失与更新，但是要把握住基因的特征，掌握基因发展的规律，科学地配置基因，保障文化景观生命健康地成长。要顺应原有肌理，采用适当的规模与尺度，还应当延续历史文脉，并尊重村民的生活习惯和民俗文化，避免破坏地域风貌特征。

（3）延续性原则。任何改建都不是最后的完成（也没有最后的完成），而是处于持续更新之中。生物体的发展代谢是以细胞组织为单位，持续不断的、发展变化的过程。所以我们针对古镇景观更新时，在尊重其发展内在逻辑规律的同时，还应注重其生长、发展变化的动态过程，不能过分追求一蹴而就，要处理好现在与将来的关系。

（4）主导性原则。在对景观基因进行梳理时，确保主导基因的重要地位。它在整个文化基因谱系中起到主导作用，是对该区域内外影响较大的基因，它是文化基因谱系的原点与开始。

整个文化基因谱系都是在它的支撑下进行复制、传播、突变，形成新的基因体。

因此，一要把握好依附基因：需要依附在某些载体上的基因，例如传统建筑上的雕饰以及文化符号、图腾等，能反映景观特有的文化特征。二要安排好衍生基因：衍生基因是通过主导基因衍生变化出来的基因体。衍生基因的存在是用来充实主导基因的内容，通过主导基因的衍生演化，演变出更多的基因。把主导基因看成原点，那么衍生基因就是在原点上生长出来的分叉点。对主导基因来说，一定是保育优先，依附基因以及衍生基因的协同发展更加巩固主导基因的核心资源，让整个文化基因谱系的精髓传承下去。在传承更新中从依附基因里找寻有代表性特征的文化符号并进行提取、修复、完善、提炼，让其体现在更多的文化产品以及文化空间、文化设施之中。而衍生基因是主导基因的子体，需要对其进行活态且具有适应性的传承更新，在适应时代的前提下进行更新。

廿八都景观基因应该是一个具有生命周期的过程。跟随着基因发展的普遍规律，也能总结出景观基因的发展规律：首先，基因组合是生命延续的根本。同质量的基因组合才能成为新的新生命。其次，基因的多样决定着生命的多样性，以及基因的变异与变化。基因的科学配置是保障生命健康成长的重要手段，也是保障下一代健康成长的有效经验。最后，通过一定的手段进行基因复制，从而保持遗传基因与原基因的相同性，并且衍生出更多的生命体。文化基因是文化的最小信息携带者，而文化基因谱系的构成则是由这些最小单元信息携带者所组成，然后相互影响、相互交换所得到的一个关系网。通过构建廿八都古镇的文化基因谱系，从而更加全面地去探寻其内在文化蕴含。

第三节　景观基因的控制策略

从乡土景观基因视角出发的规划设计中应重点突出“区域性”。区域的“文化重要性”、文化内涵是景观基因保护和传承的基础性支撑。关于传统聚落景观基因理论，刘沛林已经提出以传统聚落景观“意向”的内部相似性为前提，以文化相对一致性、聚落形态相对一致性和自然地理环境相对一致性为原则，以传统聚落景观形态的地理环境、文化背景、建筑景观为主要参照因子，把国内的景观区初步划分成 14 个。研究景观区的划分过程，能够系统地了解丰富的、具有差异性的聚落景观区的性质与特征，揭示聚落景观区的内在规律，在全国范围内形成特色鲜明的人居环境体系。

在区域划分的前提下，结合景观基因完整性的特性，首先确定乡村的景观信息元，即最能代表区域特征的景观基因本体。研究对象具有较强的可识别性。判断地区的文化价值，不仅仅是从数量上或是时间上来衡量，还要从更为系统的文化重要性观点，从区域入手，分析区域传统乡村景观基本构成要素，确定研究对象所在区域的整体特征。注意研究对象与周围乡村景观要素异同，同时注意区域内乡村的历史文化资源的相互联系性。为了避免历史文脉的断裂，正确处理保护与利用的关系，需要在区域内对乡村景观进行有机更新，即严格控制下的再生，需明确哪些要素不能更新，保护的底线是什么；哪些要素可以增加，更新的范围与程度又是怎样的。

为确保景观基因在乡村景观有机更新的过程中被合理地保护和传承，乡村景观的地域性与完整性得以保护，乡村发展转型过程中注重历史信息最大化地保存、积淀和延续，这就要求重新梳理区域的历史文化脉络，对存量和增量的关系进行综合考量，在不同层面上进行把控，即在土地利用景观层面、农业生产景观层面、传统聚落层面以及非物质文化景观层面上的把控。

传统土地使用方式的持续存在维护了生物多样性和文化多样性。环境是传统村落原始选址的依据，山、水、田野、林木是村落存在并发展的外部条件，所以原生态的环境是乡村景观基因保护的重要因素。长期以来，环境与村落相互影响，成为稳定体，包含着大量的历史信息，深刻地反映出农耕时代的生活现实。

从历史上看，乡村本是农业人口的聚集空间和地理单元。农业生产景观，是农村与其所处环境长期协同进化和动态适应下所形成的独特的土地利用系统和农业景观。人们价值观念的变化、利用土地的工具和能力水平、作物品种和耕作方式的改良情况、供求关系及利润的变化均会导致部分地区乡村农业景观风貌发生较大的变化。

聚落中包含了众多乡村景观基因，从物质形态看大部分是显性基因，分布在乡村布局形态、聚落民居、主体公共建筑等不同领域，文化标志、生产与生活设施等不同层面。因此要对以上不同层面的景观基因进行发掘、识别与利用，从二维的聚落平面布局形态、民居建筑立面形态到三维的聚落整体景观的视觉表现，再到聚落局部建筑结构、建筑用材结构、装饰结构等方面提取聚落景观基因，特别要注意具有标志意义的景观。不但要保护乡土聚落的各类建筑，也要保护聚落里的各种公用生活设施和生产设施，它们比建筑更能表现人们生活和生产的多样性。所以应该通过收集和保护各种日常的和劳动的器物与用具，反映乡土生活的细节与温度，表现乡民的智慧和技术。

通过对聚落形象层面上的把控，可以使聚落景观从宏观上和整体上具有可识别性与特征性。

再来说非物质文化景观层面上的把控。文化习俗从物质形态上看往往是乡村景观基因中的隐性基因。生产生活方式、价值观念、审美偏好的改变，对于乡村景观外在表现的影响均具有决定性的作用，是乡村景观的内核。规划设计是对地方历史文脉及知识体系的梳理，总结其文化方面的演变特性，提炼传统文化精髓，赋予景观以意义，为文化习俗活动提供场所和空间，从而传承工匠技艺，通过对地域文化的传承和发展，确保地域的主体基因得以保护与延续。在城市化及商业化的时代背景下，转型期的传统乡村景观在发展的过程中不能丧失其本质价值，即景观基因。乡村景观基因的保护与传承是传统乡村规划设计的关键问题。一方面，在对传统乡村景观基因的概念及特性认知的基础上进行识别、提取，有助于区域景观建设和文化多样性保护，使得该地区通过景观基因所体现出的地域性特色愈加突出；另一方面，传统乡村聚落景观随着时空的变化、社会的发展必然会有一定的变化，在规划设计的过程中应通过控制各个层面的变化程度来引导乡村景观的有序变化。通过景观基因的表现形态识别，进而对景观基因进行控制，积极有效地管理和经营文化景观，令传统乡村景观基因所记载的历史信息、历史记忆得以完整、真实地延续，并利用历史资源带动乡村的复兴及有机更新。

第四节　基于景观基因的乡土文化保护

基于景观基因理念下的廿八都乡土文化保护应该从以下方面着手。

第一，明确传统景观形成的历史。独特的乡土景观形成具有其独特的历史文脉，它在历史长河中留下了或深或浅的文化足迹，只有掌握历史家底，摸清历史文脉，解读文化足迹，才可能准确定位价值和获取景观基因信息。

第二，准确定位历史文化价值。景观历史文化价值不仅仅体现在其数量上的多寡和年代的久远与否，更重要的是，要运用综合系统的观点，增强场所记忆。廿八都古镇本身作为一个大的记忆场所，是历史的痕迹，能够使人产生情感认同。这些记忆的场所不仅蕴含着集体记忆，也承载着多样化的地域文化信息。记忆场所不可能完全保护下来，也不可能将所有人的相关记忆都保护下来。因此，必须甄选某些具有代表性的场所和内容，这就牵涉到不同人群的利益。除了在特定的景观节点进行对生活场景的重塑以外，还可以对墙面以及路面进行一些装饰和布置景观小品，来唤起人们的回忆。

第三，充分挖掘有价值的可展示性景观基因。可展示性景观基因是指能体现传统聚落价值的可以外化表征的物质性的建筑实体，它是传统聚落与环境对话、与时代交流的有效载体。不同于传统聚落的非物质性景观基因，它可以通过建筑等手法进行鲜活地展示，因此必须在准确定位传统聚落历史文化价值的基础上，本着修旧如故的原则，进行充分有效地挖掘，以彰显传统聚落的魅力与个性。廿八都的主导基因为商旅文化与信仰文化，应对其采取文化基因保护以及文化符号提取等措施。而衍生基因的物质载体有许多的形式，如民俗活动、节庆活动、服装、生产工具等。

第四，要科学评估既有景观基因的完整性。一方面，将既有景观基因与其应有景观基因的数据库进行对比，通过查漏补缺挖掘和整理关键性的景观基因；另一方面，要严格按照景观基因完整性理念进行科学的单项评估，并构建完整的景观基因体系。在前期准备工作完善的情况下，必须进行构建完整景观基因体系的工作，可根据完整景观基因体系的构建使景观基因具有明显的区域个性和景观整体性。景观基因体与整个聚落的外部系统联系紧密，且相互和谐，真正成为一个历史文化景观的博物馆，能唤醒古聚落各个时期的历史文化记忆，凸显出历史文化沉积的厚重感和原生性，从而系统地、真实地展现出多种时代的历史文化景观气息，增加传统聚落的历史文化“承载力”。前期调研、摸清家底、价值定位、景观展示、完整性评估等工作均是科学评估的重要手段。

第五，恢复文化活动。传统村落有着自己的独特魅力，除了那别具一格的建筑风貌，还有许多的民俗活动以及风俗习惯。而在当代的很多传统村落中，当老一辈的人离去后，很多年轻人不愿去继承或学习民俗活动中的技艺。久而久之，作为衍生基因的风俗习惯、民俗活动以及饮食文化等逐渐消失，所以恢复文化活动也是对传统村落非物质文化的一种保护。例如在古镇元坑，就有着不一样的“立春”迎神活动以及祭祀崇礼，还有一系列不同的婚嫁习俗。对于较特别的文化活动，可以设定一些旅游节，在对应的时间进行庆祝，让人们在活动中能感受以往居民庆祝节日的喜悦。

第六，要加强配套措施。景观基因完整性保护与开发工作中不可或缺的重要环节，是一环紧扣一环。因此完整保护与开发传统聚落景观基因是一项系统工程，需要多方专家学者的共同协作，更需要公众的有效参与和相关管理部门的积极推动。

乡村景观的保护与开发工作是一个见仁见智的复杂话题。本章从景观基因的视角，提出了景观基因完整性理念，认为景观基因完整性具体体现在景观基因系统中，并从摸清传统聚落的历史家底、科学价值定位、展示景观基因、评估完整性、构建完整的景观基因体系、加强配套措施等方面提出了初步建议，希望能为传统聚落的保护与开发提供一个思索的新视域。数字化技术虚拟可以立体地展示廿八都古镇全貌，做到景观内容的可视化表现，还可以结合无人机倾斜摄影和三维软件，利用已经建立起来的廿八都景观基因图库，有针对性地进行年代特色建筑和环境复原工作，再现当时繁华的景象。

第十章

景观基因应用——三维数字化

第一节　景观基因数字三维保护应用

古建筑是构成乡土文化的特殊载体之一。廿八都形成了具有特色的三省边境景观文化，但由于年代久远和历史原因，一些古建筑已经遭到破坏甚者消失。这些古建筑大多数是以木结构和砖瓦为材料，造型和结构精巧，但是伴随着时间、环境的变化和一些人为的破坏，导致在历史的长河中一些关于地域乡土文化历史的信息无法更好地得知。我们要积极面对这些问题、现状，加大对古建筑景观的保护和传承。一方面采用具体措施对古建筑进行有效的保护，另一方面采用现代数字化三维技术对已经破损或消失的古建筑景观进行修复和复原设计，这是赋予当代社会的责任和义务。

2021年新年伊始，浙江省召开了全省数字化改革大会，浙江省委书记袁家军在会上强调：加快建设数字浙江步伐，推进全省改革发展各项工作在新起点上实现新突破，为争创社会主义现代化先行省开好局、起好步。[①] 在全省数字化改革的大背景下，如何做好乡村的有效规划，保护好乡村的景观生态环境，

① 省委召开全省数字化改革大会[DB/OL].（2021-02-19）[2021-03-26]. http://www.hangzhou.gov.cn/art/2021/2/19/art_809577_59029260.html.

让山、水、林、田、湖、房、村实现全要素整合，是数字化技术为乡村振兴事业赋能做出的最好贡献。

依托现有的数字化技术，“互联网+”、大数据、云计算、物联网、人工智能等数字技术与乡村建设深度融合，乡村数字化应用管理平台的开发得以实现。如2021年东南数字经济研究院联合衢州柯城区万田乡开发的衢州数字化万田乡智慧信息管理系统，采用无人机倾斜摄影技术，获取村庄建筑物、景物各角度的高分辨纹理，通过先进的定位、融合、建模等技术，生成真实的三维村庄模型。同时，融合加载相应数据，在一张三维实景地图上呈现村庄各类管理信息，做到山、水、林、田、湖、草等自然要素立体分布，人、车、路、地、房等社会要素相互交织融合。

本章正是以现代计算数字化技术为主要手段，以廿八都古建筑景观为案例，探索古建筑景观数字化三维设计方法和流程，为古建筑数字化设计与保护提供理论基础和技术方法，并对景观基因保护应用做了铺垫。

通过精准的测量和对相关信息的保存与完善以及景观基因数据库的建立，数字化三维应用技术可以对乡村景观进行有效的保护。利用计算机数字化技术手段对乡土建筑环境进行复原设计，不仅能够进一步推动乡土建筑艺术的研究发展，对乡土建筑景观的保护、修复、展示等也有着极其重要的意义。首先，基于保护历史文物古迹建筑的迫切需要，1982 年我国颁布了《中华人民共和国文物保护法》，正式公布了历史文化名城，又在 2002 年修订了相关法规，这对于保护历史建筑具有重大意义。我国是一个历史悠久、文化资源丰富的多民族国家，加上地域辽阔、气候悬殊，各地村落民居风貌具有极强的历史文化以及地域特征。但是受各种因素影响，目前也在慢慢发生着一些自然变化，一些建筑和构件正在损坏，急需制定新的研究方案和保护措施来抢救这些文化遗产。其次，随着科技以及互联网技术的进步，保护历史建筑不再单单是实物保护，而是转向多方面的、多层次的保护。大数据时代的到来，给保护古建筑提供了新的机会和方法。相关部门已经开始重视运用数字化手段去保护古建筑，使其得以传承发展，也力求使优秀古建筑文化从田野、课堂、图书馆、博物馆中走出来、活起来，突破区域空间和时间的限制，更好地走入普通民众的生活中去。

开展数字化研究是响应国家保护历史古建筑的号召，并根据乡土古建筑特征，从实际出发，充分挖掘和展示关于古建筑数字化三维空间；力求利用大数据资源并结合新技术和新方法，创新思路，使古建筑文化得到更好地传承和发展。在浙江衢州市东南数字经济发展研究院，其下属数字空间研究所有项目涉及古建筑信息整理与保护，与本书研究关联度较高。其以数字媒体设计专业技能为创作依托，努力开发新的数字化表达模式；

以数字近景摄影为技术载体，互联网数据平台为传播媒体，实现古建筑及构件三维虚拟展示工作。这样的创作过程用实际案例诠释了高校教师专业水平的提升，做到了理论教育和实际创新的同步。通过构建廿八都古建筑的数字化三维空间，首先，会对古建筑和构件的保护起着积极的作用；其次，可以对优秀的文化起到很好的宣传作用，能引起政府部门和大众的关注，达到弘扬这一优秀文化成果的目的；最后，通过对个别案例的研究，建立起相关的古建筑数字资源库，同时探索了古建筑保护的新方法、新措施，为政府部门和科研单位研究决策提供了新的方法和相关的数字资源、资料。

本章主要涉及虚拟现实技术以及三维扫描技术用于古建筑景观保护的相关研究。虚拟现实技术从 20 世纪末发展至今，在古建筑保护应用方面具有一定的贡献。目前国内国外都有利用虚拟现实技术来复原或者保护一些古建筑文物的实践，国内的研究及实践情况，相对来说整体框架已经建立，理论及技术比较成熟，已经服务于市场。利用虚拟现实技术来对古建筑等进行复原与漫游，在技术上相对比较成熟，其主要原理为利用影像资料、设计资料或者史实资料等在虚拟现实建模软件中建立比较精细化的模型，而后利用具有虚拟漫游功能的软件开发平台，使以前的古建筑或者现存古建筑得以漫游。但是利用虚拟现实技术对现存古建筑的保护功能的实现，目前还处于辅助阶段。综上所述，利用三维扫描技术来对古建筑等进行复原与漫游的研究与实现，都有成功的例子，其主要原理为利用三维扫描的点云数据，建立比较精细化的三维模型，专门开发用于漫游功能实现的虚拟平台。其主要服务于目前现存的实体。

目前虚拟现实技术本身比较成熟，对于具有历史价值的古建筑景观来说，主要作用在于三维演示与漫游。其古建筑景观模型相对实物来讲，不具有精确性，所以对于古建筑景观的保护功能比较弱。三维激光影像扫描技术亦比较成熟，相对于用于古建筑的保护目前只是精确扫描建立模型，由于所建立的模型数据量巨大，需要后期重新开发虚拟漫游平台。目前已知的主要的支持三维虚拟漫游功能的软件多数不支持点云数据建立起来的三维模型。三维扫描后的点云数据与虚拟现实技术相结合，且建立虚拟三维古建筑空间数据库的研究很少，或者仅仅是理论研究，实例很少。关于建筑对象查询、空间分析等用于建筑保护的功能需要进一步的研究与完善。由于空间数据库技术的成熟，古建筑景观空间数据库已经建立，并被用于对古建筑的一些资料的保存与研究，其价值与意义重大。

早期国内学者先是利用古典园林 CAD 软件包的开发，后来用动画形式演示古建筑景观的内部构造与细节表现，然后数字化设计三维建模发展，做到了对古建筑景观构件的信息进行分类与标准化处理。廿八都古镇建筑景观类别丰富，而遗存的建筑景观无法清晰、直观地反映出浙西山区社会文化面貌，通过数字化设计与展示就改变了这一现状，为后续研究区域文化提供了相关的成果资料。

古建筑景观保护的基础首先是要获取其基本信息，数据获取的途径有两种：一是通过测绘方法获取；二是通过文献记载提取数据。传统方式是利用水准仪等一些设备获取基础数据，再根据数据绘制图像。采用这种传统方式不仅数据精确度低、效率低，而且很难获得古建筑结构的尺寸、装配关系等数据，同时消耗的时间长，还要耗费大量的人力和物力。而数字化技术扫描的应用正好提供了一种新的、更为方便的方式。利用摄影成像技术、激光扫描技术等一些新型技术既能测量人工测量不到的地方，还可以减少大量的人力和物力。利用 GPS、全站仪等测量仪器，结合三维激光技术能够深入探测复杂的环境，同时能获取更精细的数据，从而进行数字化建模。

随着现代科学的不断发展进步，计算机技术得到了极大的发展，并且逐渐地成熟，尤其是其中各种三维扫描技术的出现和应用，对古建筑数字化复原设计研究起到了极大的促进作用。目前适用于古建筑及构件数字化复原的方法主要有数字摄影测量和三维激光扫描获取。数字摄影技术主要是通过对对象进行一系列的照片获取，并进行解析、演算得出物体的空间外形。它已经随着时间的推移成为从数字摄影到数字空间解析的全数字化成熟技术。对于廿八都古镇来讲，其由三个自然村构成，分别是浔里村、花桥村、枫溪村。古街体积较大，包含的建筑过多，如通过 3D 软件三维建模，工作量大，可采用无人机倾斜摄影航拍技术，采集重叠且与水平面成一定角度的区域照片。采集完毕后，利用 Smard 三维软件进行自动空三运算，形成实景三维模型。这样就大大降低了设计的工作量，使相关人员能把主要精力用在后期的修复、还原、设计上。在廿八都古镇建筑中，精美的木雕刻造型还有装饰性构件如“牛腿”、门当等都可以通过三维激光扫描进行数字化实景三维模型制作。

古建筑主要构件是组成古建筑的基本元素，所以将主要构件进行数字化建模是重要的一步，这需要对特定的构件进行数据的获取，对其基本的几何特征、装配关系、艺术形式等进行分类分析，然后实现构件的数字化建模，同时对各个构件之间的关键参数进行规整，并与其他参数建立相互的关系，为接下来的结构组合工作提供方便。古建筑数字化不仅仅是将建筑还原成数字模型，还需要将古建筑的相关信息进行分类规整，然后可以为数字模型添加附加信息，如名称、年代、实例地点、用途、组合位置、所属结构名称等，几乎包含古建筑的所有信息，还可以为古建筑的修复与复原提供有效的数据，帮助人们了解更多有关古建筑的历史人文信息，同时方便查询、检索等数据库功能的实现。

古建筑景观及构件三维数字化设计的关键问题在构件装配。古建筑结构复杂而神奇的关联结构，体现了劳动人民的智慧。数字化设计的软件如何准确地表达这种关系是一个需要进一步研究的方向。结构与结构之间存在明显的关联关系，例如建筑构件斗拱，单体构件不仅仅是一对一的关联，往往同时跟七八个分件存在关联关系。为了实现参数化模型，需要将各个构件联系在一起，方便模型的修改，也减少人为操作。目前可以借鉴机械工程软件模式解决这个问题：首先，选择有装配功能的平台搭建装配关系，从而实现构件与构件之间的联动；其次，通过利用参数文件进行约束，让构件的参数都参考同一个文件，从而使所获得的模型保持整体性。古建筑景观的魅力不仅仅在于整个造型，更是在复杂的修饰细节上，修饰细节也是古建筑被人喜爱的原因之一，因此在古建筑数字化的过程中如何将原有的修饰细节保留下来是需要考虑的。简单的修饰可以使用三维浮雕将一些细节保留下来；相对复杂的修饰难以通过建模的方式实现，可以在三维软件中使用摄影贴图的方式保留一些细节，尽可能保留古建筑的原汁原味。

随着对古建筑景观以及构件数字化三维研究的深入，根据产生的数字化复原成果，建立各种各样的古建筑数字三维模型，并呈现出非常丰富的内容，如室内装饰、空间以及历史内涵等不同的信息内容，具有极高的历史、艺术以及科学价值。目前在文化产业的开发领域，这些关于古建筑及构件的数字三维模型能够开发出非常丰富的文化产品，这些文化作品是开发我国文化产品的重要基础信息，可以运用现代技术手段，进行古建筑装饰构件的产业化生产。伴随着经济的发展、现代建筑的大力建设，各种建筑装饰、家具制造以及旅游纪念品等行业的发展得到了极大的进步。从目前情况来看，三维数字化技术、逆向工程技术及反应注射成型工艺，已经在家具以及相关的木制品行业中得到应用，并被用来进行规模化的产品生产。

本书的研究是在激光测距技术已经有了几十年的应用，非接触式三维激光扫描设备在近些年随着自动控制技术的发展才得以实现的背景下展开的。利用无人机倾斜摄影信息采集建模具有不用接触被量测目标、扫描速度快、点位和精度分布均匀等特点。可以利用激光测距技术、辅助虚拟现实技术和空间数据库技术，三位一体，对古建筑进行测绘及数据记录，从而完成对古建筑的数字化保护。本书研究的创新点是研究在不同数据条件下的古建筑数字化与三维建模关键技术。建立古建筑和常用 3D 构件库，解决了古建筑工程建模中的复杂构件复用问题；利用该构件库，提出一种参数化的古建筑工程结构三维模型快速重建方法；解决了古建筑大型散乱点云数据的精简、建模等关键问题；提出三维建模重建算法，解决了部分珍贵古建筑仅有单幅影像情况下的表面重建、大批量古建筑快速测绘和带纹理空间重建的问题。

在宏观上，归纳研究区的自然条件和历史渊源，然后基于研究区二维空间数据，借助 GIS 拓扑分析和其他基础地理学分析方法研究研究区的文化景观特征，在此基础上利用无人机倾斜摄影测量平台及其三维建模数据处理方法，完成研究区整体三维模型，即基于研究区整体特征的综合分析法及倾斜摄影技术和方法；在微观上，借助景观基因理论中对传统建筑景观要素提取的方法，提取研究区典型建筑的景观要素，并基于历史、人文、自然等学科视角，对建筑景观要素进行深入分析，归纳研究区典型建筑的景观要素特征，在此基础上基于三维激光扫描技术完成典型建筑室内外空间信息的获取，构建其精细室内外三维模型，即基于典型建筑的景观要素分析。

第二节　廿八都景观三维数字化

本节主要内容是以廿八都景观基因为研究基础，将计算机图形学、图像处理、视觉设计等学科与廿八都建筑景观相结合，将数字化三维技术的研究成果应用于廿八都古建筑景观的保护上，可以为廿八都景观节点的修缮和保护工作提供准确的三维数据。本节主要从两个方面研究三维保护：一是基于二维图形建立三维建模的方式，这种方式灵活度比较高，可以充分有效地发现并研究景观的特征，但是工作量比较大，精度有待提升；二是基于三维扫描技术，通过点云技术，利用无人机倾斜摄影技术建立实景三维的方式，这种方式属于逆向工程，由三维推向二维，特征是前期效率高。利用现存的点云数据快速且高效生成传统古建筑三维模型，但三维模型整体为一层三角面片构建的表面模型，无法区分不同的建筑构件与单体建筑，模型的重复利用率不高，如没有现存数据，将无法搭建三维模型。

一、基于三维扫描技术的实景三维景观保护策略

主要分为以下三个顺序。（1）模型采集研究：主要是点云数据采集及数据处理。通过无人机航拍倾斜摄影和数字摄像机的应用，对古建筑及构件进行相关信息采集；无人机航线设定优化，确保采集的图像信息精确。（2）模型修正研究：实景照片自动合成建模过程中难免会有一些问题，如三维模型拉花、破面或者垃圾物遮挡等，需要利用三维软件进行修复，完成展示过程。（3）总结研究：通过实际案例的研究成果，归纳总结出古建筑三维空间数字化的措施和方法。

传统的摄影测量采集只能通过一个视角的摄像机获取单一视角的影像，为二维图形，所能承载和表达的空间信息具有很大局限性。无人机倾斜摄影测量是在传统摄影测量技术的基础上发展起来的新兴技术，主要通过无人机搭载的摄像头从垂直视角以及多个倾斜视角采集影像，此外还通过增加航带间的重叠度（至少达到60%，有高精度三维建模要求的要达到80%～85%），获取更加完整的地物侧面纹理信息。借助现有的、成熟的倾斜影像数据处理软件（如Context Capture），该技术可以实现大范围城市三维模型的快速构建，极大提升了三维模型的生成效率，被广泛应用于数字城市、国土规划、应急指挥等领域。

前面详细介绍了无人机倾斜摄影测量的原理和方法，本书借助无人机飞行平台大疆Phantom 4及其控制软件Altizure和倾斜摄影测量数据处理软件Context Capture完成了对廿八都古镇文昌宫区域影像数据的获取和三维建模。具体实施过程如下。

（一）计划准备

通过网络地图资料收集和实地调研，初步确定航测范围、飞行高度。这次三维建模对象主要是浔里街文昌宫区域，古建筑群面积较小，不到100亩，东西长60米，南北宽80米，考虑到获取边界上建筑外围的侧面倾斜影像，因此本研究的飞行范围以文昌宫外墙为边界，向外延伸20余米，即飞行范围为东西长 80 米，南北宽 100 米的矩形。此外，文昌宫及周边无高层建筑，只有村中的树木会对飞行高度造成影响，因此最低飞行高度设置为 22 米，既可以躲避飞行障碍，又可以获得较高精度的影像数据。

（二）数据采集

无人机倾斜摄影测量的三维建模对影像的质量要求很高，直接关系着模型的精度和纹理的真实性。天气条件对影像的质量造成较大影响，暴雨、大风天气威胁飞行平台的安全性，导致无法执行飞行任务，而阳光明媚的天气适合无人机飞行，却不利于影像采集，地物产生的阴影以及强光导致的曝光过度，都对后期数据成果造成很大负面影响。因此需要选择无风无雨的阴天或者晴天的正午采集，即阴影面积最小时执行飞行任务。具体作业流程如下。

（1）仪器安装和检查。廿八都镇中有大量居民居住生活，无人机坠机将会造成严重的安全事故，因此在执行飞行前要对设备进行仔细安装和校验，检查电池电量和软件连接情况，如图 10–1 所示。

（2）选定起飞和降落地点。村中多石板铺路，地势平坦，中心水塘两侧有开阔的通廊，适合起飞和降落。

（3）设置航测参数。根据研究需要在控制软件中设置航测范围、高度、重叠度、飞行速度、相机倾斜度、最短拍照间

图10-1　无人机航拍前进行场地调试

隔等技术参数。文昌宫建筑架构复杂，纹理细致，因此需要较高的重叠率和较短时间的拍照间隔，本研究分别设置为 85% 和 2 秒。

（4）执行飞行拍摄。任务上传后无人机可自动按参数执行飞行和影像采集任务，但在飞行过程中需时刻关注无人机电量、任务完成度及连接情况，以衔接飞行任务，防止突发情况。因三维建模需要，分别设置飞行高度为 30 米、50 米和 80 米，执行三次飞行任务，以获取较为全面的空间数据。图 10–2 所示为无人机航拍完成的照片。

（三）影像预处理

目前，无人机倾斜摄影测量技术趋于成熟，各类系统误差

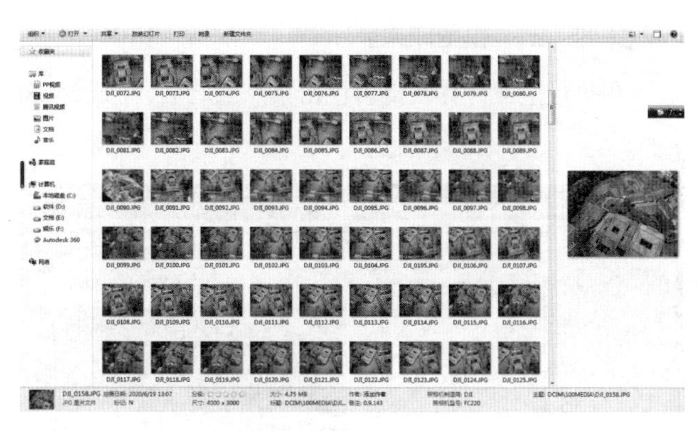

图10-2　无人机航拍图片

在数据导出之前就已经根据特定算法消除。而因为天气原因造成的色彩差异是计算机自动算法无法解决的问题，本研究执行飞行时为阴天，但是仍有部分色彩差异，通过调节批量图片处理软件 ACDSee 的亮度、对比度等参数完成了匀光匀色处理。

接着进行空中三角测量。打开 Context Capture 软件，导入拍摄的图片，如图 10-3 所示，根据 SIFT 特征提取算法进行空三计算，结合 POS 系统提供的多视影像外方位元素数据，测算每张影像的密集点云数据，然后再结合 SIFT 多视影像匹配算法

可生产具有真实效果的数字表面模型（DSM）和数字正射影像（DOM）。如图 10-4 所示，可以根据三维空间图形，算出文昌宫的长度及面积。

（四）三维模型成果展示

在执行空三计算获得彩色密集点云之后，生成MESH模型，

图10-3　图片空三处理运算

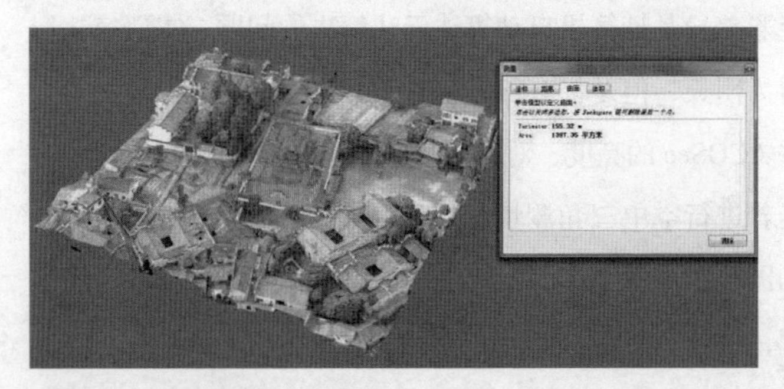

图10-4　三维景观模型面积测量

将高分辨率影像纹理自动映射到 MESH 模型上，即完成了聚落整体三维模型的构建。如此大数量和范围的三维建模采用传统建模手段短时间内无法完成，而基于倾斜摄影测量进行三维建模，包括外出作业采集总用时不到 2 天，相较于传统基于几何的三维建模，大大提升了建模效率，节省了时间和花费。如图 10–5 所示，文昌宫三维模型整体景观色彩表现较好，村落肌理清晰，可达到真实纹理色彩的还原，但是对于建筑单体来说，仅无人机获取的倾斜模型因为视角的局限性，无法获取完整的建筑立面效果，模型细节效果较差，在后续开展的工作中将针对典型建筑单体完成更为精细的模型构建。

图10–5　实景三维模型呈现

二、基于二维图形建立三维模型景观数据

古建筑测绘需要测绘人员具有一定程度的建筑学综合素养，熟悉测绘对象的相关形式、历史、结构、特征及其构造知识；而接触式的手工测绘可能会对历史建筑造成不可逆的损害。如图 10–6 所示借助数据驱动构建传统古建筑三维模型，在已知一

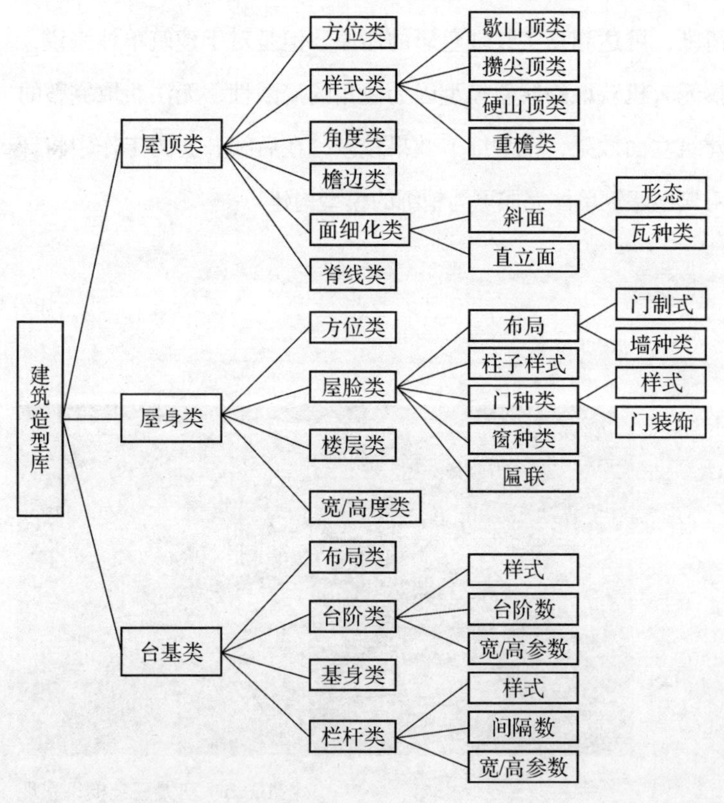

图10–6 建筑数字化造型库建设

定数量的不同建筑构件数据库的基础上来构建三维模型，这类核心技术需要建筑构件的数据库足够强大，才能实现传统古建筑的三维准确还原。

先根据实地调研影像照片和尺寸数据，利用 CAD 绘制出单体建筑的三视图。明确了建筑景观特点，可以更加直观地了解自己所要制作的场景，以及比较容易地做出较真实的形态来。首先，利用古建筑的图片以及相关的图纸确定一个大体的制作方向，而对于建筑物内部的一些结构和一些小的形态是需要通过认知和想象去添加的。其次，需要表达其基本平面位置及高度信息，及其色彩纹理与几何外形特征，这些几何外形特征往往体现三维对象特别是建筑物对象的独特风格。其基础数据包括平面位置和高程的三维空间数据，以及建筑物的真实影像数据。具体包括地形数据、数字化地图数据、建筑物高度数据、航摄相片、地面近景照片以及纹理图片等。

（一）形态的梳理

古建筑形式多样，但各部位都有较为固定的比例关系，这是使各种不同形式的建筑保持统一风格的重要原则。因此，对于古建筑的三维建构过程，形态的梳理是十分重要的。古建筑的每个单体建筑都是按照一定制式、由基本构件组装而成。而古建筑营造时也是先制作相应的构件，再进行组装。

在形态的梳理中，有些古建筑的构件如台基、柱础、栏杆、栏板、梁等表面几何形状简单，适合用表面模型方法来进行形态梳理。这是因为表面模型从三维点形成直线、圆弧、多段线和其他二维对象，再由二维对象形成三维构件的表面。构件图形存储空间小、显示速度快以及效果表现突出；有些古建筑的构件如柱子、抱头梁等，大体形状规则，但是面多，用表面模型方法梳理非常复杂，如不同位置的柱子，有不同的构件与其相接。而柱子端部的榫卯连接形状适合用实体模型方法来进行形态梳理；有些古建筑构件如抱头梁等需要和檐檩、檐垫板、檐枋等连接，绘制时需将其按两个部分处理，对抱头梁内部，直接用面绘制，端部采用体绘制的方法。

（二）形态的建模

古建筑形态的三维建模一般要求精细建模，其建模精度应满足三维量测和复原要求，精细地表现古建筑的外部特征和内部构造。纹理图片尽量与实物一致，逼真地表现古建筑的色调与材质。在使用 3D sMAX 或者软件草图大师的建模过程中，首先，通过建筑图与图片确定模型各部件的位置与大小。其次，制作建筑物的梁柱结构，然后再制作门窗、墙、屋脊等其他结构。建筑物构件需要单独制作，包括柱础、柱、梁枋、门窗等。最后，用合成的方式将各个部件组合成一个完整的建筑物。建模过程中尽可能使用基本几何体作为构件。

在形态的建模技术中，可以采用三维建模软件中的多边形建模技术。首先，从在软件工具栏上的 12 种基本模型中选出所需要的一种模型，并确定主体建筑物的形状，这样就可以开始对形态进行建模与编辑，通过扭曲、拉伸和缩短等相应的一些命令工具来对形态进行处理，使它们变成所需要的形态。其次，通过选中模型以及进入组件模式，对所选择模型的点线面进行操作，经过模型的造型与变形，达到我们需要的模型外观。再次，进行由里向外的建模扩展，形成一个有序列关系的清晰的建模方法。最后，准确地把握模型的场地、位置、方向、比例、大小、尺度等因素，形成形态的精确性。建模技术的运用有利于中国古建筑的三维设计。利用三维软件的三维技术手段对古建筑进行设计研究，可以形成一套较为完整的古建筑三维形态的建构方法。针对古建筑的三维形态建模的特殊性和复杂性，这里采用了软件建模技术进行三维建模设计研究，并利用数字图纸、航拍图以及相关影像对塔、殿、桥以及坊的形态进行具有一定规则的三维建模，实现了古建筑模型的三维可视化。从目前建模成果来看，利用三维软件技术并结合其他的辅助手段，完全可以进行一些结构复杂、建模要求高的古建筑的恢复以及重建。图 10–7 至图 10–11 对廿八都的水安桥、商铺、民居、枫溪桥、“枫溪锁钥”等代表性三维建筑进行了展示。图中利用已有的资料对相关建筑进行了模型高度三维还原。数字化三维模型能对古建筑起到很好的保护作用，同时也能更直观地展示古建筑的造型特征，还能为接下来的数字化虚拟复原打下基础。

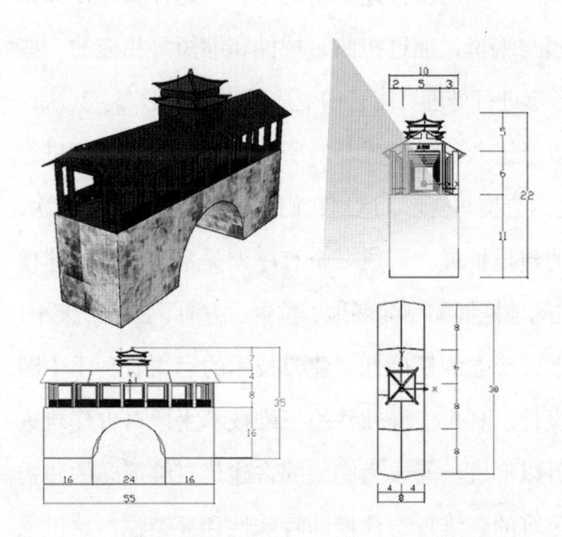

图10-7　水安桥数字化模型

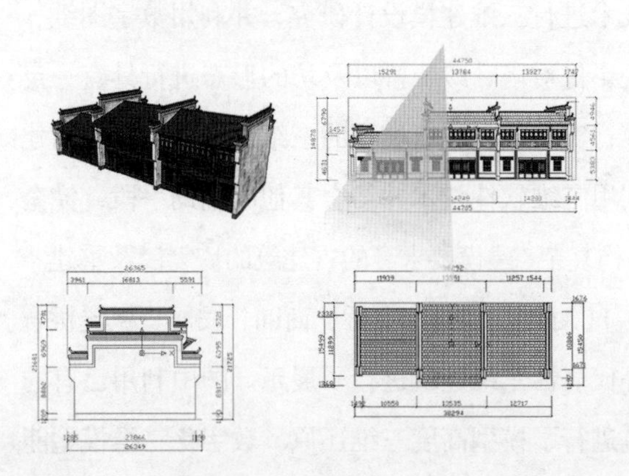

图10-8　商铺作坊数字化模型

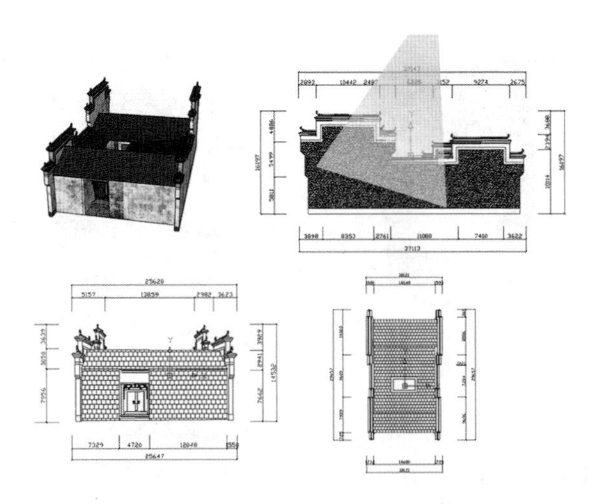

图10-9　古民居建筑景观数字化模型

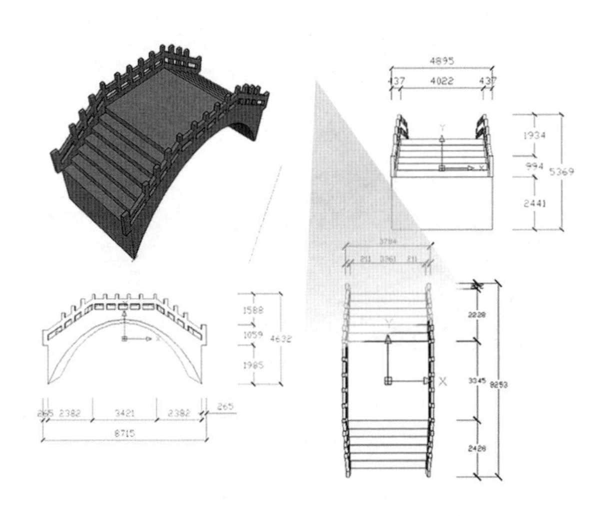

图10-10　枫溪桥建筑景观数字化模型

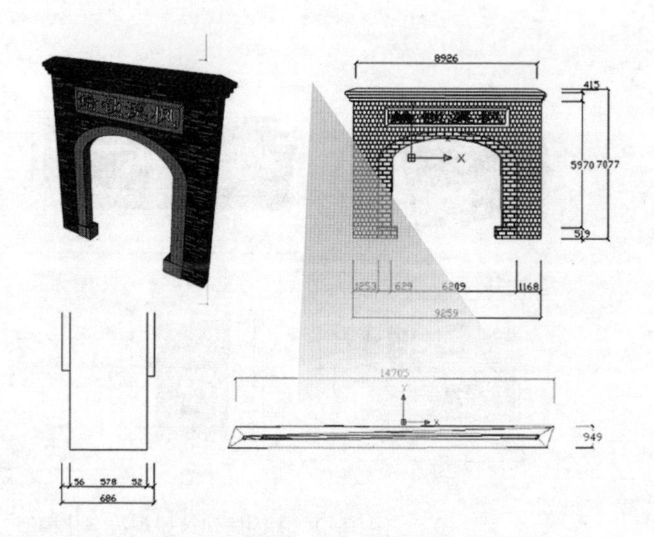

图10-11 “枫溪锁钥”建筑景观数字化模型

第十一章

景观基因应用——古镇虚拟复原

第一节　基于景观基因的虚拟复原

拥有数百年文化历史的古镇廿八都，曾是红极一时的商贸小镇，每天络绎不绝的商旅和此起彼伏的买卖声充斥在山谷中。今天它的繁华已经不在了，留下了充满历史感的老街和房子，从破烂不堪的旧房子仿佛能体会到当时的繁华。廿八都给我们留下的不仅是大量具有历史价值的明清古建筑，还有人类无比珍贵的文化遗产。数百年的景观进化过程中，很多建筑景观已是断壁残垣，不复当年风华，虽然可以通过残壁断墙，体会岁月的痕迹，但终究无法了解古建筑景观的壮美。在科学技术发达的当今社会，如何将廿八都曾经的繁荣复原出来，引起当代人的关注，是我们要解决的一个课题。现在很多虚拟现实技术被应用到了古迹还原中，我们也可以将其应用到古镇的复原中来，通过技术和艺术的完美结合，再结合廿八都景观基因图谱，准确完美地将廿八都的盛世还原出来。

文化遗址是不可再生的资源，也是人类最宝贵的文化财产之一。由于其历史悠久，时间跨越久远，所以保存完整的文化遗址并不多，特别是近些年由于人为的原因，国内很多文化遗址由于被过度开发或保护措施不当，遭到破坏，正濒临消失。廿八都也正面临着此类危机，多层次、多方面保存优秀的文化成果，借助科技的力量如虚拟现实技术，将其数字复原，势在必行。

常见的古迹还原有两种形式：一种是传统的还原技术。传统的文化遗址还原技术手段，是通过人为手工的修复、建造还原，或者以文字、图片、影视资料等形式对遗址进行保护。这些保护还原的方式过于单一，资料保存的时间不长还特别容易损坏。比如，在还原古代建筑时，由于运用现代的建筑技术及材料进行修复工作，从某种意义上说，是对遗址的二次毁坏。有些遗址只剩下一些断壁残垣，或已经不存在，只有文字上的记载，这样的遗址是不能够通过人工进行修复的。再如，纸制的文字资料及影像资料，它们都是不易保存的。

还有一种是数字还原技术。随着科学技术的发展，越来越多的行业引入了电脑技术，遗址修复保护工作也开始进行新的探索与研究。仿真效果逼真的数字化技术，给遗址还原提供了良好的平台，弥补了传统还原技术的不足。数字还原技术，顾名思义是利用数据采集、数字存储等展示空间，通过计算机技术将人类文化遗产模拟转化成数字形态，通过虚拟还原的平台，让人类文化遗产能够得以永久地保存，实现文化遗产的还原保护、研究和利用。通过电脑计算机的三维及虚拟技术还原古代建筑，节省了大量的人力和物力，同时能对消失了的文化遗址进行全方位的逼真模拟。除此之外，还加入了虚拟技术后的还原，可以通过电脑的鼠标和键盘，进行仿真操作，使观众有一种身临其境的感觉。

我们可以按照古迹数字复原的方法和步骤来完成廿八都古镇的景观复原工作。古迹的数字复原是通过计算机虚拟现实技术，经过考察历史资料，通过数据采集、三维建模和动画合成等，复原出一个虚幻的文化古迹，在虚拟仿真的空间里，展示古迹的规划布局，让人们了解那份珍贵的文化遗产，给人以身临其境的感觉。古迹的数字复原不同于其他类型的数字复原，其参考资料较少，所以只能通过古代书籍的描绘和考古发掘的遗址和文物，进行规划和设计，并通过设计进行数字复原。数字复原的内容多为景观和文物。

通常，一般古迹复原的修复方法有以下几种类型。首先是高度复原文物。虚拟现实在古迹复原中的应用，在制作精确度上有所不同，针对博物馆和研究机构的文物复原，要精确和真实。在三维建模过程中要按图纸或实际测量尺寸完成，在材质处理上，纹理、颜色和质感要与原物相同，此种复原形式主要用于科学研究，要求严格，制作难度较大，不适合于推广。其次是古迹虚拟景观复原。古迹的虚拟景观复原不同于文物复原，主要展示的是建筑工艺、景观设计、规划布局等信息。对于历史资料中明确记载的虚拟复原，需要精度很高；没有数据的，要根据相同历史时期的资料修复重建。结合景观基因图谱，可以科学高效地完成古迹景观复原工作。当然，古迹景观复原具有一定自主设计的成分。最后是古迹人文复原。人文复原是通过对古代人们的生活习惯、民俗民风等进行复原，主要针对的是服装、建筑、器物等生活用品复原，通过复原让人们了解历史的演变过程，如从原始社会进化到文明社会的几个关键时期的复原等。

古镇人文景观的复原意义不仅是对古迹本身的文化保护，也具有实际意义，如在旅游宣传方面的体现。数字还原技术可以对遗址进行旅游模拟，如根据廿八都遗址地理信息进行计算机模拟。由于廿八都地理位置特殊，交通不便，基于这样的原因，很多对廿八都文化感兴趣的游客，对其望而却步，这时就可以针对廿八都古镇景观数字复原的特殊性，利用鼠标和键盘进行浏览，摆脱了时空限制。在不移动文物本身的情况下，真实地再现遗址和文物，从而使廿八都遗址和文物有了更丰富的展示途径和办法。除此之外，由于近年数字旅游的兴起，基于虚拟现实技术的虚拟数字旅游，可以为旅游开发带来新的表现形式。利用网络化的虚拟现实能够更好地宣传文化遗产，现场的虚拟展示则能带给用户更丰富的交互体验。

随着现代科技的发展，很多建筑空间的重建已不仅仅再用静态效果图去表现，而多是通过软件以三维的形式和虚拟动画的形式，这样可以更真实地表现出古建筑空间重建的虚拟效果，让人们既可以从整体上观察，也能从细节上观察，这种虚拟现实是更高一个层次的表现，更吸引人。随着时代的发展，现在虚拟现实技术已经成为一种必然的表现形式。

如图 11–1 所示，虚拟场景模拟过程是利用建筑常用三维建模软件 3D sMAX 把模型搭建好（分为静态模型和动态模型）；利用图片处理软件 PHOTOSHOP 根据建筑特质进行材质处理，做好三维软件表面的贴图，形成贴图资源库；把这些资源整合后导入 Lumion 软件里进行合成，再导入处理好的音频文件，就可以虚拟场景模拟了，人们可以通过视频动画或者佩戴 VR 眼镜进行虚拟体验。Lumion 软件是近些年建筑行业比较流行的软件，是一个实时的 3D 可视化工具，用来制作电影和静帧作品，涉及的领域包括建筑、规划和设计。它也可以传递现场演示。

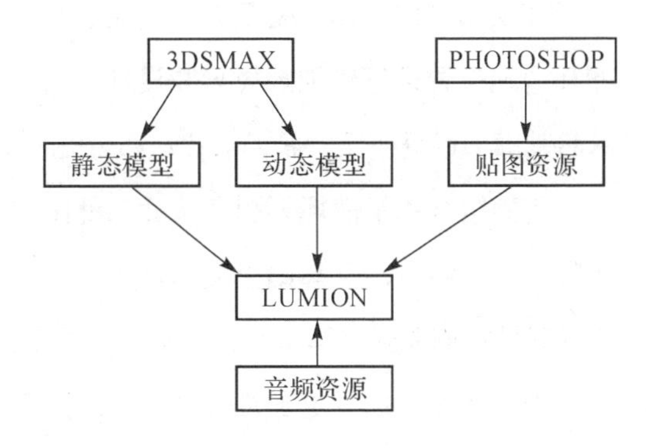

图11–1　虚拟场景模拟分析过程

Lumion 的强大就在于它能够提供优秀的图像，并将快速和高效的工作流程结合在了一起，能节省时间、精力和金钱，是一种高效率的虚拟现实景观仿真设计软件。

第二节　廿八都人文景观复原

为了完成廿八都古镇复原工作，我们工作团队的成员专门多次深入廿八都，做资料的前期准备。我们深入现场实地去考察，查阅了大量的历史文献和考古资料，对古镇的布局、建筑特点、生活环境和风俗习惯等做了充分的调查和研究，结合古镇的功能和地理位置进行详细的规划和设计，通过虚拟现实技术，力求将其虚拟场景还原，展现出廿八都历史时期的繁荣景象。

我们结合总平面规划图及《廿八都镇志》中描述的建筑分布特点，再结合砖瓦与出土文物调查情况，将古镇划分为四个主要区域：商业区、军事区、寺庙区和居民区。

为了让虚拟场景更加符合廿八都的建筑景观特点，在虚拟场景中模型元素的制作，我们根据现存的文物古迹和壁画，结合明末清初的建筑特点，利用 3D sMAX 将场景中的建筑和附属物品进行三维数字复原。

一、根据考古资料还原城墙及附属设施

（一）城墙的数字复原

建模方法采用多边形建模（Polygon），在城底部增加模型段数，让模型逐渐向内收，表现砖块的层次关系。在材质方面采用法线贴图手段（Normal_Map），来表现砖块的纹理和凹凸变化，在城墙的表面添加滚木和雷石等模型增加城墙的防御功能。

（二）门楼数字复原

作为重要防御建筑的门楼与角楼同其他建筑设施一样，采用石砌地基，主体为木质结构，屋顶采用歇山顶形式，用兽形的瓦当装饰。此部分的三维建模注重模型结构，从下至上逐步建模，利用几何体组成建筑主体，房梁采用实体建模，瓦片采用贴图表现，减少模型面数，优化显示效果，材质方面利用 3D sMAX 中的混合材质将墙体和木纹做旧，体现出建筑的时代感。

二、根据历史资料及地域特征还原建筑

（一）建筑分类

廿八都古镇人口密集，建筑类别繁多，所以将建筑大致分

为三个等级：公共建筑、民居建筑、沿街店铺。

1. 公共建筑

廿八都原有公共古建筑近百座，现存可寻的有20余座。最为精致的公共建筑是浔里街的文昌宫，其建筑面积达1680平方米，有三层重檐歇山顶楼阁，共计18个飞檐翘角都是重点刻画的对象。在公共建筑三维建模过程中重点突出刻画能力，模型布线要求尽可能精致，建筑的主体结构采用多边形建模。多边形建模是古建筑三维造型中接触最多的建模方式。它通过控制三维空间中的物体的点、线和面来建造模型。

这样的建模手法，尽量减少了对象面数，其目的：一是提高了三维建模的工作效率；二是通过多边形的组件模式可以很容易地将模型的外形进行扭曲和拉伸处理等，使得模型的细节塑造精确，形态更加生动形象。窗体和瓦片采用贴图表现，虚拟建筑的表面可采用UV拆分，用手绘贴图的方式制作，在贴图通道上多用透明贴图和法线贴图，做到贴图尽量还原真实的场景。

2. 民居建筑

廿八都民居多为混合木结构砖墙建筑，特征较为明显，应该根据廿八都建筑景观基因库进行匹配搭建。建筑采用3DsMAX软件多边形工具三维建模，用贴图表现模型的细节特征。如图11–2所示，在“姜宅”民居建模的时候，考虑到了姜姓家

图11-2 “姜宅”古民居建筑三维模型制作

族在廿八都的名誉和地位，做了重点刻画，青砖白瓦，高大的外墙耸立在街道周边，突出了建筑的品质。在草房模型制作过程中屋顶与房体结构采用多种搭配形式，做到结构相似却不同，规模大小不一，形态各异。

3. 沿街店铺

沿街店铺多为酒楼、药铺、当铺等，其结构以木结构和土结构为主，屋顶采用瓦、草等混合材料设计。在三维模型制作上注重建筑的功能性和使用性，多加模型装饰，如图 11-3 所示，在商铺的场景搭建中，要注意生活细节的设计，如“袅袅炊烟，酒旗飘舞”，再在街道上放一些木独轮车等等，告诉人们这里的街道热闹非凡。在材质上多用景观基因库已有的材质装饰，体现建筑的特色。如图 11-4 所示，在廿八都南入口处，“枫溪锁钥”门额的三维建模中力求真实还原，表现出沉稳、大气的

图11-3　枫溪老街三维模型制作

图11-4　“枫溪锁钥”三维模型制作

艺术感。对原石质门额上书写的“枫溪锁钥”，采用现场拍照、后期贴图的技法表现。门额，是中国传统乡土文化独特的存在，门额上的题字，更是融合了中国传统技法中的文辞之美与工艺之美。门额题字大多由四个字组成，其内容体现了一个人或家族的文化与情感，同时，这些门额题字书法独到、各有千秋。一条商业街道与小溪并行，由北至南曲折蜿蜒，长达 1 千米，两旁多为两层楼的店铺、作坊，基本保持了 19 世纪集镇的风貌。

（二）建筑数字复原过程分析

1. 模型制作及要求

一般来讲，古建筑模型制作要求精度较高，这样带来的问题会影响引擎的渲染速度，所以要采用 LOD 技术（多细节层次）建模，LOD 技术是指引擎会根据模型与角色的距离切换模型的精度，角色距离模型很近，模型会自动切换高模现实；角色与模型距离适中，模型会选择中度模型（简称中模）精度；角色距离模型较远，模型则选择低模现实。通过这种技术的运用，引擎会自动决定渲染的资源分配，降低非重要物体的面数和细节度，从而获得高效率的渲染运算。所以每个建筑需要制作三个精度不同的模型，即高模、中模和低模。高模制作需要通过分析建筑的特点，找到类似建筑的参考图片，在模型制作上添加细节，表现建筑的特点，控制模型的面数，限制模型在 20000 面以下。中模的制作要体现建筑结构和特点，细小的结构用贴图实现，模型面数控制在10000面以下。低模的制作要更精简，主要表现建筑的结构部分，与结构无关的内容需要删除，用最少的面数表现出最好的效果，而建筑的小细节都需要用手绘出来。

2. 设计和制作模型过程

模型完成后要拆分UV，把三维模型拆分成平面视图方便绘制贴图，也能节省贴图数量，模型拆分UV是要合理摆放UV，模型体积较大的部分占用UV面积也应最大，相同材质的部分可以重叠摆放。

实物模型制作，是为廿八都古镇三维数字化保护提供更直观的空间感受、检验尺寸数据的一种重要手段。关于建筑景观制作项目流程如下。

首先，制作前期规划。根据已有的资料（文献记载、现场实地测量），收集制作模型的基础资料。2017年5月至2018年4月，笔者带领衢州职业技术学院环境艺术设计专业学生10余次赴廿八都进行调研。通过询问当地居民、无人机航拍、实地测量分析，收集了大量原始数据，为接下来的工作积累了很多资料。

其次，返回学校工作室后，老师带领学生核对分析绘制的图纸，确定模型材质、处理工艺、制作工期及效果要求。根据绘制好的图纸施工制作，效果以真实、美观为原则。所有建筑

图11-5 三维模型场景搭建（多图展示）

景观尺寸均采用 AutoCAD 绘图，电脑雕刻机切制细部、手工粘接的作业法，保证了各部件的质量，也保证了工期。参与模型制作的师生共计 17 人，成员进行了分工合作，具体分为负责电脑绘图组、构件 3D 打印或者雕刻组、物料组、模型搭建组等，如图 11–5 所示。

老师对总体分工进行把控，师生动手一起完成项目。结合图纸进行设计制作，原则是根据已有资料再现历史，避免乱操作不尊重历史客观、自由发挥。同时使用仿真树木、小品、人物模型等进行点缀，使整个模型精美、富有生活气息。材料选择是根据现场调查，发现当地营造房屋多就地取材，多使用木材、泥土、卵石、青砖材料。模型房屋搭建多选用竹木片进行拼接搭建，整个模型场景共计 8000 多片竹木条。外墙处理使用黏土材料。黏土材料来源广泛、取材方便、价格低廉，经过“洗泥”工序和“炼熟过程”，其质地更加细腻。黏土具有一定的黏合性，可塑性极强，在塑造过程中可以反复修改，任意调整，修、刮、填、补比较方便，还可以重复使用，是一种比较理想的造型材料。当建筑模型拼接完成后还要布置灯光。灯光系统根据模型展示实际需要进行设计安放，力求呈现完美的艺术效果。

3. 贴图制作及要求

模型制作完成后是灰色的，没有纹理，在 3D sMAX 中通过“指定材质为模型”添加质感，建筑模型的材质制作需要三张贴图完成，即纹理贴图、高光贴图和法线贴图。纹理贴图的制作是利用 Photoshop 软件根据 UV 绘制图片完成。高光贴图是利用纹理贴图处理的贴图，通过亮度控制高光的区域。法线贴图制作有两种方法：一是在 3D sMAX 中利用高模烘焙出法线贴图，二是在 Photoshop 中利用法线贴图插件制作一张个图。

4. 模型资源

在 3D sMAX 中设计的虚拟场景模型为模型资源，需要将此美术资源导入 Lumion 软件使用，通过 Lumion 软件来处理模型信息才能实现动态浏览的效果。模型资源主要分为静态美术资源和动态美术资源，顾名思义，静态美术资源就是场景中不动的模型资源，如房子、墙等；动态美术资源就是场中有动画的物体，如动的旗子、动物等。

这两种模型制作要控制模型面数，尽量采用低模处理，注意模型单位设置，避免出现模型太大或太小的现象。静态美术资源将模型信息导出 FBX 格式，动态美术资源通过 Actor X 插件导出 PSK 格式。

5. 贴图资源

在美术资源制作时模型的贴图需要用 Photoshop 处理，由于虚拟场景为实时渲染，模型处理量较大，为了动态浏览效果更佳，流程需要对模型进行优化，贴图的尺寸要为 2 的 N 次幂，如 64、128、256、512、1024 等，贴图数量尽量减少，将多张贴图整理到一张贴图上，减少贴图文件量，最后将贴图存成 TGA 格式。在 Lumion 软件中导入模型格式时会自动创建材质，材质中只会加载纹理贴图，模型的高光贴图和法线贴图需要手动指定。

6. 音频资源

虚拟场景中还需要有音频资源，主要是音乐和音效。音乐为场景的背景音乐，为场景添加环境气氛，音效为场景交互时使用，如走到水旁边会听到水的声音，走到动物旁边动物会发出声音等。将选择好的音频文件存成 WAV 格式。

虚拟场景资源制作完成后需要导入 Lumion 软件使用，在素材导入时要注意素材名称要为英文与数字组成，导入的资源在引擎中分类存储。

三维建模目前主要有三种方式：第一种，手动直接还原三维古建筑模型，借助测量数据对传统古建筑实现 1:1 还原三维模型，如图 11–6 所示，优势是精细美观，但是耗时耗力，且专业性较强，由于个体化绘制差异，模型构件的重复利用率不高。第二种，利用现存的点云数据快速且高效生成传统古建筑三维模型。这种建模方式速度快，但是也存在一定缺点：它只能针对现存的建筑空间进行扫描逆向建模，对客观上不存在的建筑和构件无法建模；而且三维模型整体为一层三角面片构建的表面模型，无法区分不同的建筑构件与单体建筑，模型的重复利用率不高。第三种，借助数据驱动构建传统古建筑三维模型，

图11-6　商业街三维模型场景（多图展示）

即在已知一定数量的不同建筑构件数据库的基础上来构建三维模型，这需要建筑构件的数据库足够强大，才能实现传统古建筑的三维准确还原。通过前期的资料整理和归纳，构建出建筑景观基因数据库，然后人工建模，搭建虚拟场景。建筑景观基因数据库既有利于灵活地调整各类构件的数据，又有利于满足用户其他实际三维构模的需求。第三种建模方式可以通过虚拟现实技术展示出来。

虚拟现实技术的不断成熟，为全世界各地的遗址保护、复原和展示提供了新的思路和方法。利用虚拟现实技术进行遗址数字复原展示，让用户不用亲临古建筑遗址现场就能沉浸式游览数字遗址的新型体验方式，大大拓展了遗址和古建筑保护、开发的边界。仿真效果逼真的虚拟现实技术，给古建筑文化还原和展示提供了良好的平台扶持，弥补了传统还原技术的不足之处。传统的还原包括静态图片模拟还原，成本较低，但体验感较弱；搭建实体模型还原，则会耗费大量财力和精力。通过电脑计算机的三维及虚拟技术还原古代建筑，节省了大量的人力物力，同时对消失了的文化遗址达到全方位的逼真模拟，观众佩戴好 VR 眼镜，有一种身临其境的感觉，如图 11–7、图 11–8 所示。进行廿八都古镇数字复原的实践案例，提供了一种有效的保护、开发与体验的方式。与实体复原古镇的传统做法相比，虚拟现实不仅让用户不用亲临现场就能沉浸式游览廿八

图11-7　浔里老街场景虚拟复原（多图展示）

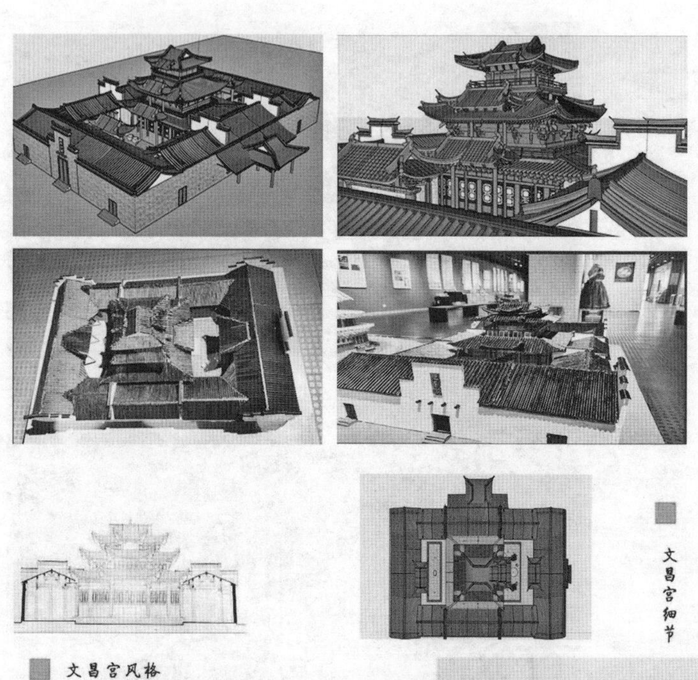

图11-8　廿八都文昌宫景观虚拟复原

都，而且建筑结构的数字化呈现手段能让参观者更直观地了解建筑内部构造。因此，利用虚拟现实技术的数字复原方式对廿八都繁荣时期的场景再现，对古镇文化宣传和旅游开发具有一定的价值。

总 结

通过对乡土景观基因理论的分析和对廿八都长期的实地调查研究，本书主要做了以下几方面工作。

（1）对廿八都景观的特征进行了详细的分析和识别，构建出了较为完整的景观基因识别方法和途径的图景。

（2）在对廿八都景观基因特征识别的基础上，进一步解析了廿八都景观基因形成的深层次原因，包括自然环境因素、社会环境因素等共同组成的古镇人文环境因素。

（3）分析了廿八都古镇的显性基因和隐性基因，主要针对建筑景观显性基因特征进行了分析，并挖掘出受耕读文化、商贸文化影响的古镇风格和建筑形式的隐性基因。而变异基因为在社会发展过程中呈现出的建筑空间布局等结构的变化、演变。初步构建出廿八都景观基因图谱。

（4）借助景观基因的研究成果，对保护廿八都历史文化景观进行新的尝试，利用三维数字化和虚拟复原技术对廿八都古镇景观进行保护。

附　录

一、参与廿八都古镇虚拟复原和数字化保护学生名单

序号	姓名	负责工作	年级 / 专业	籍贯
1	陈思齐	文献资料收集，模型制作	2017 级，艺术设计	浙江台州
2	姚嫩能	文献资料收集，模型制作	2017 级，艺术设计	浙江杭州
3	薛乾龙	数字化三维建模	2017 级，艺术设计	浙江浦江
4	廖洪苇	三维数据采集，整理	2017 级，艺术设计	浙江湖州
5	陈亚栋	数字化三维建模	2017 级，计算机技术应用	浙江义乌
6	周楚楚	数字化三维建模	2017 级，艺术设计	浙江浦江
7	伊　帆	数字化三维建模，模型制作	2018 级，艺术设计	浙江龙游
8	曾家华	数字化三维建模	2018 级，艺术设计	浙江龙游
9	孙　淞	文献资料收集，模型制作	2018 级，艺术设计	浙江台州
10	陈　红	数据采集与整理	2018 级，艺术设计	浙江丽水
11	罗青霞	数字化后期处理	2018 级，艺术设计	浙江台州
12	应寒池	数字化后期处理，模型制作	2018 级，艺术设计	浙江台州

续表

二、廿八都镇其他公共古建筑

名称	地址	建造年代
相亭寺	珠玻岭东田垅田	唐代
王氏宗祠	五福村	五代
上凉亭庙	五福村	明代
西岳庙	苍坞	明代末年
李老真君庙	五福村上凉亭路边	明代末年
宝华寺	枫岭关前	清顺治
枫岭营总府	浔里村	清顺治
儒官衙门	浔里村供销社	清顺治
梓山寺	开叉河去西边坂路旁	清乾隆
土地庙	大东门沿河	清乾隆
黄坛社	浔里接头	清咸丰
隆兴社	花桥头南街东侧	清同治
关王庙	浔里街中段	清同治
法云寺	花桥头塘坂后	清同治
金氏宗祠	枫溪村后门山麓	清同治
雷神庙	香炉山上	清同治
关帝庙	枫溪村水安桥北	清光绪
观音阁	文昌宫左前方	清代

续表

名称	地址	建造年代
新兴社	水安桥东边山上	民国初
地母社	西边村	民国
杨氏宗祠	浔里村杨祠弄北，文昌宫旁	民国
戴氏宗祠	徐家墩	不详
“枫溪锁钥”门楼	枫溪村万寿宫旁	不详
净土庵	坚强村早坂头	不详
武庙	小竿岭	不详

三、廿八都镇古民居简介

名称	地址	建造年代
毛礼金旧宅	浔里毛家弄	明末清初
金家八字大门	枫溪街 20 号	明末清初
金宗保旧宅	枫溪街燕尾弄	清顺治
金绍全旧宅	枫溪半边街金家弄	清康熙
杨瑞深旧宅	后街（叶江兴旧宅隔壁）	清康熙

续表

名称	地址	建造年代
叶梨狗旧宅	后街	清康熙
金成汉旧宅	枫溪金家弄	清康熙
祝仁生旧宅	浔里街	清乾隆
宋子颐旧宅	浔里街 54 号（关帝庙北侧）	清乾隆
杨通燊旧宅	后街弄 2 号（关帝庙后）	清乾隆
姜正益旧宅	枫溪街 35 号	清道光
姜在清旧宅	枫溪街 46 号	清道光
曹章琳旧宅	曹家弄 2 号	清道光
祝善铨旧宅	浔里街（姜守中弄口）	清咸丰
姜遇吉旧宅	枫溪街 49 号	清咸丰
林启寿旧宅	枫溪街朱家弄	清咸丰
陈立方旧宅	枫溪街 48 号	清咸丰
曹遇成旧宅	枫溪街 67 号	清咸丰
杨通森旧宅	杨家弄 1 号	清咸丰
姜秉镛店屋	浔里街 8 号	清咸丰
叶资平旧宅	后街 2 号	清咸丰
曹玉图旧宅	枫溪街 50 号	清咸丰
连家大院	浔里街连家弄（后街）	清咸丰

续表

名称	地址	建造年代
金怡崽旧宅	金家弄 5 号	清咸丰
姜秉彝旧宅（德春堂中药铺）	浔里街 7 号	清同治
姜秉镛（荣）旧宅	浔里街姜家下弄 1 号	清同治
姜秉源旧宅	浔里街姜家下弄	清同治
姜遇鸿旧宅（1）	浔里街姜家下弄 2 号	清同治
姜遇鸿旧宅（2）	浔里街 19 号	清同治
杨秀东旧宅	小东门 5 号	清同治
杨通源旧宅	后街弄 3 号	清同治
杨瑞璈旧宅	后街弄内	清同治
曹怀庭旧宅	枫溪街 53 号	清同治
金连生旧宅	桃花弄 2 号	清同治
杨宝成旧宅	浔里街	清同治
胡裕隆旧宅	枫溪街 47 号	清同治
杨通熙旧宅	浔里街 33、34、35 号（大东门沿河）	清同治
叶江兴旧宅	后街弄 15 号	清同治
杨通汉旧宅	后街弄 6 号	清同治
陈冬瓜旧宅	浔里街 20 号	清同治
杨通仁旧宅	后街 8 号	清同治

续表

名称	地址	建造年代
祝家大院	浔里街 48 号	清同治
曹大鏞旧宅	浔里街横街	清同治
姜秉书旧宅	杨祠弄 1 号	清光绪
姜秉书店屋	浔里街 6 号	清光绪
杨瑞球旧宅（1）	后街弄 5 号	清光绪
杨瑞球旧宅（2）	浔里街 41 号	清光绪
杨仁和旧宅	花桥大门弄 4 号	清光绪
金同顺旧宅	花桥大门弄 2 号	清光绪
张兆有旧宅（仁寿堂中药房）	枫溪街 32 号	清光绪
林家旧宅	桃花弄 1 号	清光绪
胡家百斯堂旧宅	枫溪街 16 号	清光绪
姜守全旧宅	姜家中弄 5 号	清光绪
宋致霖（玉成）旧宅	后街 5 号	清光绪
王家大院	枫溪街 14 号	清
杨庆洙旧宅	枫溪街 61 号（桃花弄口）	民国初
姜龙元旧宅（1）	姜家下弄 3 号	民国
姜龙元旧宅（2）	浔里街 17 号	民国

名称	地址	建造年代
曹玉书旧宅	曹家弄 2 号	咸丰年间毁 民间 30 年重建
谢家旧宅(金家老宅)	前山坂 1 号	
曹章琮旧宅	前山坂 2、3 号	
“福禄寿喜”门楼	枫溪街 24 号	
杨通孜(孝)旧宅	大门弄 1 号	

四、廿八都相关诗词摘选

送友人归闽

唐·王毂

东南归思切，把酒且留连。再会知何处，相看共黯然。

猿啼梨岭路，月白建溪船。莫恋家乡住，酬身在少年。

送林处士自闽中道越由雪抵两川

唐·许浑

书剑少青眼，烟波初白头。乡关背梨岭，客路转苹洲。

处困道难固，乘时恩易酬。镜中非访戴，剑外欲依刘。

高枕海天暝，落帆江雨秋。鼍声应远鼓，蜃气学危楼。

智士役千虑，达人经百忧。唯闻陶靖节，多在醉乡游。

自渔梁驿至衢州大雪有怀

宋・蔡襄

大雪迷空野，征人尚远行。乾坤初一色，昼夜忽通明。

有物皆迁白，无尘顿觉清。只看流水在，却喜乱山平。

逐絮飘飘起，投花点点轻。玉楼天上出，银阙海中生。

舞极摇溶态，闻余淅沥声。客炉何暇暖，官酤未能醒。

薄吹消春冻，新旸破晓晴。更登分界岭，南望不胜情。

仙霞道中阻雨

宋・黄公度

薄暮雨霏霏，归心恨不飞。客程三日阻，家舍半年违。

涧涩水争道，山空云触衣。凭谁洗光手，取出太阳辉。

仙霞道中

宋・黄公度

村村翁妪贺年华，不道行人亦念家。

可是浮名能挽我，杖藜元日度仙霞。

满庭芳

宋·黄公度

枫岭摇丹，梧阶飘冷，一天风露惊秋。

数丛篱下，滴滴晓香浮。

不趁桃红李白，堪匹配、梅淡兰幽。

孤芳晚，狂蜂戏蝶，长负岁寒愁。

年年，重九日，龙山高会，彭泽清流。

向尊前一笑，未觉淹留。

况有甘滋玉铉，佳名算、合在金瓯。

功成后，夕英饱饵，相伴赤松游。

宿仙霞岭下

宋·陆游

吾生真是一枯蓬，行遍人间路未穷。

暂听朝鸡双阙下，又骑羸马万山中。

重裘不敌晨霜力，老木争号夜谷风。

切勿重寻散关梦，朱颜改尽壮图空。

仙霞岭

宋·朱熹

道出夷山乡思生，霞峰重叠面前迎。

岭头云散丹梯耸，步到天衢眼更明。

度仙霞岭

宋·高翥

尽日度仙霞，西风吹鬓华。

乍寒抛白苎，临晚见黄花。

山险全无路，溪晴半是沙。

岭头逢宿处，斜月带栖鸦。

宿仙霞岭

宋·马子严

镇日崎岖度远山，远山深处解征鞍。

翠环水石四围匝，冻积冰霜一夜寒。

月影自催人起早，泉声不许客眠安。

明朝直上烟霞去，身在亨衢天地宽。

仙霞岭

宋·赵汝腾

鸡鸣秣马度仙霞，鸟道迢遥望去赊。

暗水尽从荒涧落，好山刚被岭云遮。

玉楼春·题小竿岭

宋·刘子寰

今来古往吴京道，岁岁荣枯原上草。

行人几度到江滨，不觉身随风树老。

蒲花易晚芦花早，客里光阴如过鸟。

一般垂柳短长亭，去路不如归路好。

别王泰之

宋·华岳

黄尘漫漫小峰路，白石齿齿茗坑渡。

相亭南来第一程，人烟萧条岁云暮。

故人小隐三家村，约我旗亭聊一樽。

相逢此地复相别，明朝怀抱同谁论。

题仙霞岭

元·虞元龙

万里南州雪欲花，迤随征雁过仙霞。

登山只要登高处，高处何曾望见家。

登闽关

明·张以宁

独步青云最上梯，八闽如井眼中低。

泉鸣万鼓动深壑，山饮双虹垂远溪。

家近尚无鸿雁信，客愁复有鹧鸪啼。

书生未老疏狂意，更欲昆仑散马蹄。

过闽关

明·刘基

漠漠轻云结晚阴，依依斜日挂遥岑。

炊烟忽起桑榆上，散作鲛绡抹半林。

早发仙霞岭

明·徐渭

披衣陟崇冈，日中下未已。雄伟奠两都，喷薄走千里。

百折翠随人，一望寒生眦。高卑互无穷，参差错难理。

蔓草结层冰，乔木悬秀藟。昼餐就村肆，小结依崖址。
去壑知几重，刳竿引涧水。回视高峡巅，鸟飞不得比。

度仙霞岭

明・黄居中

树隐闽关月，峰高越峤云。人烟孤戍出，樵语半空闻。
候雁知霜信，归鸦带夕曛。弃繻嗟往事，自笑负终军。

题浮盖山卧牛石

明・候尧封

田入山乡少，时将孟夏终。
如何尚高卧，不起助农功。

度仙霞岭

明・王毓德

已恨闽天道路赊，更堪回首隔仙霞。
潺湲已是他乡水，纵使东流不到家。

度仙霞岭

明・王汝谦

跋涉已经旬，兼程与水陆。攀跻错绣茵，憩息耽丝竹。

有客戒严装，携姬如美玉。谁堪步后尘，目送多遥瞩。

自仙霞关至枫岭

明 · 张贵

仙霞高岭万峰巅，百丈丹梯鸟道悬。
太息无绪凭绝隘，那教汉使下楼船。
空山啼鹃穿林出，野店莺花向晚妍。
瘴疠久恬烽火息，闲登石顶酌清泉。

枫岭早行

明 · 翁白

轻装束向五更前，马怯冲霜策一鞭。
晓角还营明月上，残灯在店主人眠。
水闻十里流红叶，岭划千寻碍碧天。
此去耻非题柱客，五湖饥走易经年。

仙霞岭雪竹

清 · 曾异撰

何可一日无此君，此君乃不可无雪。
穷崖倒压白尽头，寒节青青不可折。
方之绿玉失其伦，千仞危冈竖白铁。

枫 岭

清·陈万策

石路弯回绕涧旁，轻舆直上到危冈。

寺僧指点门前道，枫岭南头即故乡。

晓发念八都过枫岭午至庙湾

清·陈万策

枫岭晨过雾气昏，傍岩沿涧转茅村。

高峰对面初无路，流水湾头别有门。

石畔肩舆穿雨足，树边引袖拂云根。

阴曦亭午风餐后，五显青萝更与扣。

过五显岭有感

清·陈万策

余以丙子冬过五显岭，越岁庙宇火毁。

今虽庙貌修饰，不如其旧，重经有感。

神灵长是籍山灵，五显山高逼杳冥。

他日千军曾跪马，何时一夕下流星。

莓苔乍长鲜犹碧，竹柏新栽嫩始青。

殿宇更低香火寂，风光非旧雨淋零。

渔　梁

清·陈万策

行尽千山与万山，渔梁岭下出重关。

如今便有东流水，流到三山送客还。

度仙霞岭

清·黄子云

鸟道迂回上，猿声缥缈闻。峰盘三百级，身入万重云。

天地闽中险，阴晴岭半分。出关尽蛮语，端合作参军。

以下至《西场骑射》为清代徐文炳所作：

枫桥望月

桥头落叶逐溪流，汩汩残声响个秋。

两岸枫林翻影动，一轮明月荡波浮。

炉峰夕照

个是香炉插岭东，碧烟缭绕白云濛。

豁开眼界何时好，最爱长空夕照红。

浮盖残雪

万丈峰巅矗石堆，高擎翠盖倒悬开。

不知积得三冬雪，光影楼头月影猜。

水安凉风

倒亘虹梁孔道通，地当闽浙未分风。

行人两袖携凉处，刚在枫溪曲磴中。

珠坡樵唱

夕阳翻照暮烟霏，倦鸟投林半岭飞。

唱出太平歌一曲，负薪人恰踏云归。

相亭晚钟

丹枫黯淡夕阳沉，林落炊烟罩晚林。

古刹钟声何嘹亮，随风十里作龙吟。

狩岭晴岚

宿雨连朝豁未开，山前山后白云堆。

一天霁色明如画，无数岚光滚岭来。

龙山牧马

龙山高处绿连坡，闲看花骢啮草多。

最是年来烽火靖，牧童争谱太平歌。

西场骑射

声喧鏖战转西山，特设将军镇古关。

莫道太平荒武备，箭犹飞镞炮连环。

以下至《梓山花锦》为清代金桂芳所作：

枫桥望月

波心倒影一轮开，漫把三潭夜色猜。

水底圆光叹奇绝，惯随人影过桥来。

珠坡樵唱

逐队穿云归去忙，珠坡回首正昏黄。

樵童也解升平曲，谱出新腔下夕阳。

狩岭晴岚

郭外层风豁霁颜，爱看狩岭列云鬟。

画图谁擅丹青笔，一角斜阳雨后山。

梓山花锦

簇簇春光似锦裁，琳宫错认是蓬莱。

山僧笑与游人约，明日看花带酒来。

以下为清代金琳所作：

炉峰夕照

黄昏携酒倚窗纱，爱看残阳一抹斜。

最是炉烽堪眺处，淡浓绝肖赤城霞。

珠坡樵唱

珠坡岭上白云笼，逐队归樵返照中。

暂歇肩薪歌一曲，声声响答四山风。

相亭晚钟

山前山后暮烟封，闲听招提吼晚钟。

响人风中声不断，定教惊起石潭龙。

梓山花锦

最爱招提点缀工，万千红紫绮罗丛。

笑他佛也风流甚，身在繁华不断中。

龙山牧马

偶眺龙山正及秋，草葱茏处马千头。

斜阳牧罢归来晚，曾记当年塞上否。

西场骑射

将军校射各分班，两石弓开似月弯。

一矢飞来先中的，惊他红日下西山。

参考文献

[1] 蔡恭，祝龙光 . 廿八都镇志 [M]. 北京：中国文史出版社，2007.

[2] 蔡恭，祝龙光 . 廿八都镇志 [M]. 北京：中国文史出版社，2007.

[3] 柴土生 . 浅谈廿八都古建筑 [J]. 小城镇建设，2007（2）：62–63.

[4] 常征征 . 乡土建筑的形态特征与改造对策 [J]. 城乡建设，2013（8）：73–75.

[5] 陈怀友，张天驰，张菁 . 虚拟现实技术 [M]. 北京：清华大学出版社，2012.

[6] 陈凌广 . 古埠迷宫——衢州开化霞山古村落 [M]. 北京：商务印书馆，2016.

[7] 陈明孝 . 古建筑数字化保护关键技术探讨 [J]. 遗产与保护研究，2018（12）：71–73.

[8] 陈志华，李秋香 . 中国乡土初探 [M]. 北京：清华大学出版社，2012.

[9] 陈志华 . 乡土建筑保护论纲 [J]. 文物建筑，2007（12）：193–197.

[10] 陈志华 . 由《关于乡土建筑遗产的宪章》引起的话 [J].

时代建筑，2000（3）：20–24.

[11] 邓运员，申秀英，刘沛林 .GIS 支持下的传统聚落景观管理模式 [J]. 经济地理，2006，26（4）：693–697.

[12] 丁俊清，杨新平 . 浙江民居 [M]. 北京：中国建筑工业出版社，2015.

[13] 冯莉 . 民众对再造文化空间的认同和选择——廿八都镇大王庙修缮后的文化传统变迁 [J]. 山东社会科学，2011（11）:69–89.

[14] 高飞 . 虚拟现实应用系统设计与开发 [M]. 北京：清华大学出版社，2012.

[15] 耿卫东 . 三维游戏引擎设计与实现 [M]. 杭州：浙江大学出版社，2008.

[16] 郭璞 . 葬经笺注 [M]. 吴元音，注 . 北京：中华书局，1991.

[17] 韩晓峰 . 后工业时代产业类遗存建筑改造方法浅析 [J]. 建筑与文化，2012（11）：70–73.

[18] 何蔚萍 . 文化飞地——廿八都 [M]. 杭州：西泠印社，2000.

[19] 何媛 . 浙江衢州孔氏南宗家庙建筑研究 [D]. 西安：西安建筑科技大学，2008.

[20] 何重义 . 古村探源中国聚落文化与环境艺术 [M]. 北京：

中国建筑工业出版社，2011.

[21] 贺从容，李沁园，梅静 . 浙江古建筑地图 [M]. 北京：清华大学出版社，2015.

[22] 姜江来 . 江山古建筑特色谈 [J]. 东方博物，2007（1）:79–89.

[23] 金程宏，王欣，陈闻 . 传统村镇水空间保护与开发——以廿八都枫溪河设计为例 [J]. 现代农业科，2010（14）:211–212.

[24] 李晓峰 . 乡土建筑跨学科研究理论与方法 [M]. 北京：中国建筑工业出版社，2005.

[25] 梁思成 . 梁思成文集（第五卷）[M]. 北京：中国建筑工业出版社，2001.

[26] 梁思成 . 中国建筑史 [M]. 天津：百花文艺出版社，2005.

[27] 刘沛林 . 古村落文化景观的基因表达与景观识别 [J]. 衡阳师范学院学报，2003，24（4）：1–8.

[28] 刘沛林 . 古镇名村遗产保护与旅游开发 [M]. 北京：现代教育出版社，2007.

[29] 刘沛林 . 家园的景观与基因 [M]. 北京：商务印书出版社，2014.

[30] 刘邵权 . 农村聚落生态研究理论与实践 [M]. 北京：中国环境科学出版社，2006.

[31] 楼庆西，陈志华，罗德胤等 . 浙江民居 [M]. 北京：清华大学出版社，2014.

[32] 楼庆西 . 雕梁画栋 [M]. 北京：清华大学出版社，2014.

[33] 楼庆西 . 户牖之艺 [M]. 北京：清华大学出版社，2014.

[34] 楼庆西 . 千门之美 [M]. 北京：清华大学出版社，2014.

[35] 楼庆西 . 装饰之道 [M]. 北京：清华大学出版社，2014.

[36] 卢峰，张晓峰. 当代中国建筑创作的地域性研究 [J]. 城市建筑，2007（6）：13–14.

[37] [日]芦原义信 . 外部空间设计 [M]. 尹培桐，译 . 北京：中国建筑工业出版社，1985.

[38] 罗德胤 . 鸡鸣三省——廿八都古镇 [M]. 北京：商务印书馆，2016.

[39] 罗德胤 . 乡土记忆——廿八都古镇 [M]. 上海：上海三联出版社，2009.

[40] 毛永国 . 江山姓氏渊源考略 [M]. 北京：团结出版社，1993.

[41] 潘潇潇，戚山山 . 民宿之美 I[M]. 桂林：广西师范大学出版社，2016.

[42] 钱华 . 浅析江山段仙霞古道与村落文化形成之价值 [J]. 中国文物科学究，2010（4）：58–63.

[43] 日本株式会社新建筑社 . 现存建筑改造 [M]. 大连：大

连工业出版社，2010.

[44] Stefan Camenzind，姚量 . 民宿之美 II[M]. 桂林：广西师范大学出版社，2017.

[45] 单德启 . 依山傍水，因山取势；就地取材，因材施工——从两项工程实例探讨西部地区乡土建筑的主要特征 [J]. 西部人居环境学刊，2014（3）：1–2.

[46] 申秀英，刘沛林，邓运员，等 . 中国南方传统聚落景观区划及其利用价值 [J]. 地理研究，2005，25（3）：485–495.

[47] 申秀英，刘沛林，邓运员 . 景观“基因图谱”视角的聚落文化景观区系研究 [J]. 人文地理，2006，90（4）：109–112.

[48] 室内设计师 Vol.61. 乡土改造 [M]. 北京：中国建筑工业出版社，2016.

[49] 束景南 . 朱熹研究 [M]. 北京：人民出版社，2008.

[50] 宋承诺 . 乡土建筑中的文化再生——多元文化在鄂东乡村建筑改造中的表达策略研究 [J]. 建筑与文化，2016（7）：214–215.

[51] ［美］唐纳德 · A. 诺曼 . 设计心理学 [M]. 北京：中信出版社，2010.

[52] ［日］藤井明 . 聚落探访 [M]. 宁晶，译 . 北京：中国建筑工业出版社，2003.

[53] 田志卿 . 古地新居——廿八都镇旅游接待中心设计 [J].

华中建筑，2008（7）:24–29.

[54] 王冬 . 乡土建筑的自我建造及其相关思考 [J]. 新建筑，2008（4）：12–19.

[55] 王冠星 . 边城廿八都 [J]. 浙江国土资源，2008（4）:58–59.

[56] 王娟洋，郜巍 . 历史文化古镇的保护和开发实践——以浙江省廿八都镇为例 [J]. 现代装饰，2011（1）:40–42.

[57] 王晓华 . 中国古建筑构造技术 [M]. 北京：化学工业出版社，2016.

[58] 王瑶瑶 . 基于 LiDAR 遥感的古建筑文化遗产三维重建与数字化保护研究 [D]. 济南：山东建筑大学，2019.

[59] 吴越 . 廿八都——深山里的百姓古镇 [J]. 新建筑，2013（7）:46–47.

[60] 肖建庄 . 农村住宅改造 [M]. 北京：中国建筑工业出版社，2014.

[61] 肖振萍，彭辉华 . 老建筑的当代价值与改造设计的方法解读——以近代建筑遗产为例 [J]. 西部人居环境学刊，2013（3）：105–109.

[62] 徐光 . 旧建筑改造设计基本原则与案例分析 [M]. 北京：中国书籍出版社，2015.

[63] 徐江都 . 江山留胜迹 [M]. 北京：中国戏剧出版社，1999.

[64] 薛春霖，仲德 . 从廿八都谈欠发达地区历史文化村镇的保护 [J]. 东方博物，2007（4）：12–16.

[65] 叶卫霞 . 浙西衢州古民居装饰形成探究 [J]. 温州职业技术学院学报，2008（1）：56–59.

[66] [日]原广司 . 世界聚落的教示 100[M]. 于天祎，等译 . 北京：中国建筑工业出版社，2003.

[67] 张涤铭 . 浙江公路运输史 1[M]. 北京：人民交通出版社，1988.

[68] 浙江省地方志编纂委员会 . 浙江通志 [M]. 北京：中华书局，2001.

[69] 钟德 . 浙西南古镇廿八都 [M]. 北京：中国建筑工业出版社，2016.

[70] 钟玉琢 . 多媒体计算机与虚拟现实技术 [M]. 北京：清华大学出版社，2009.

[71] 周炜，等 . 三维游戏引擎设计技术及应用 [M]. 北京：中国水利水电出版社，2009.

[72] 朱俊 . 从廿八都文昌宫壁画看清代民间画工的审美意趣 [J]. 艺术探索，2014（10）：116–117.

[73] 祝龙光 . 江山市志 1988—2007[M]. 北京：方志出版社，2013.

图片索引

图2–1　廿八都景观基因研究理论体系 …………………… 022

图2–2　廿八都景观保护研究路线 ………………………… 024

图3–1　浔里街浙闽枫岭营总府 …………………………… 039

图3–2　浔里街的姜家粮仓（前面已改建为停车场） ……… 042

图3–3　浔里街街景 ………………………………………… 045

图3–4　关帝庙 ……………………………………………… 049

图3–5　观音殿 ……………………………………………… 050

图3–6　文昌宫（多图展示） ……………………………… 052

图4–1　民居外墙“中西合璧”的装饰纹样（多图展示） …… 058

图4–2　姜遇鸿住宅（多图展示） ………………………… 060

图4–3　万寿宫 ……………………………………………… 061

图4–4　水星庙 ……………………………………………… 062

图4–5　百思堂民居厅堂布置 ……………………………… 065

图4–6　姜守全宅门楼 ……………………………………… 067

图4–7　杨通敬宅门楼 ……………………………………… 068

图4–8　门楼装饰八仙题材 ………………………………… 069

图4–9　民居建筑景观外墙 ………………………………… 071

图4–10　廿八都文昌宫平面图……………………………… 075

图4–11　廿八都文昌宫后殿孔子雕像……………………… 076

图4–12 廿八都文昌宫“牛腿”构件——狮雕…………………… 077
图4–13 廿八都文昌宫壁画（多图展示）………………………… 078
图5–1 聚落景观基因四项基本原则 ………………………… 086
图5–2 廿八都镇枫溪 ……………………………………… 089
图5–3 廿八都镇街巷布局结构 ……………………………… 090
图5–4 廿八都街道尺寸分析 ………………………………… 091
图5–5 廿八都枫溪街小巷 …………………………………… 092
图5–6 廿八都浔里街回音壁 ………………………………… 093
图5–7 廿八都街巷景观基因识别内容 ……………………… 094
图5–8 廿八都古民居景观基因识别内容 …………………… 096
图5–9 抬梁与穿斗混合式木结构 …………………………… 098
图5–10 民居房屋建筑的营造………………………………… 099
图5–11 廿八都民居建筑外墙材料…………………………… 101
图5–12 门楼上的木雕饰……………………………………… 103
图5–13 民居建筑的窗花造型………………………………… 105
图5–14 民居建筑的门楼造型………………………………… 106
图5–15 民居建筑的木板和窗花造型（多图展示）………… 108
图5–16 廿八都商业建筑景观基因识别……………………… 110
图5–17 洵里街店铺（多图展示）…………………………… 111
图5–18 枫溪街店铺（多图展示）…………………………… 113
图5–19 廿八都桥、亭景观基因识别………………………… 115

图5–20 水安桥（多图展示）………………………………… 117
图5–21 枫溪桥……………………………………………… 118
图6–1 景观基因构成结构 ………………………………… 121
图6–2 廿八都“混合式”街道布局模式 ………………… 123
图6–3 廿八都住宅、店铺平面示意（多图展示） ……… 124
图6–4 早期廿八都景观基因构成 ………………………… 129
图6–5 商贸活动时期廿八都景观基因构成 ……………… 130
图6–6 新中国成立初期廿八都景观基因构成 …………… 131
图6–7 历史流变下基因发展轨迹 ………………………… 132
图7–1 混合式聚落布局 …………………………………… 140
图7–2 廿八都古民居建筑景观基因平面图谱（多图展示）… 142
图7–3 廿八都商铺建筑景观基因平面图谱（多图展示） …… 143
图7–4 廿八都庙宇建筑景观空间平面布局基因图谱（多图展示）
……………………………………………………………… 145
图7–5 廿八都建筑结构景观基因图谱（多图展示） ……… 147
图7–6 廿八都古建筑门楼立面景观基因图谱（多图展示） … 149
图7–7 廿八都墙体、地面材料铺装景观基因图谱 ……… 150
图7–8 廿八都建筑构件门窗基因图谱 …………………… 151
图7–9 廿八都景观（纹样、人物）图案基因图谱 ……… 153
图8–1 小组成员浔里村采访姜姓老人 …………………… 160
图8–2 浔里村老人在自家劳作 …………………………… 162

图8–3　调研小组在枫溪街店铺现场调研 ………………………… 165
图8–4　衢州市政府、衢州学院与廿八都镇政府展开合作 …… 176
图10–1　无人机航拍前进行场地调试……………………………… 210
图10–2　无人机航拍图片…………………………………………… 211
图10–3　图片空三处理运算………………………………………… 212
图10–4　三维景观模型面积测量…………………………………… 212
图10–5　实景三维模型呈现………………………………………… 213
图10–6　建筑数字化造型库建设…………………………………… 214
图10–7　水安桥数字化模型………………………………………… 218
图10–8　商铺作坊数字化模型……………………………………… 218
图10–9　古民居建筑景观数字化模型……………………………… 219
图10–10　枫溪桥建筑景观数字化模型 …………………………… 219
图10–11　“枫溪锁钥”建筑景观数字化模型……………………… 220
图11–1　虚拟场景模拟分析过程…………………………………… 227
图11–2　“姜宅”古民居建筑三维模型制作 ……………………… 231
图11–3　枫溪老街三维模型制作…………………………………… 232
图11–4　“枫溪锁钥”三维模型制作 ……………………………… 232
图11–5　三维模型场景搭建（多图展示）………………………… 235
图11–6　商业街三维模型场景（多图展示）……………………… 239
图11–7　浔里老街场景虚拟复原（多图展示）…………………… 241
图11–8　廿八都文昌宫景观虚拟复原……………………………… 242

图书在版编目（CIP）数据

乡土景观基因：以浙江廿八都为例 / 邱峰著. --
杭州：浙江大学出版社, 2022.3
ISBN 978-7-308-22401-7

Ⅰ. ①乡… Ⅱ. ①邱… Ⅲ. ①乡镇—景观规划—研究
—江山 Ⅳ. ①TU982.295.55

中国版本图书馆CIP数据核字(2022)第040462号

乡土景观基因：以浙江廿八都为例
邱　峰　著

策划编辑　曲　静
责任编辑　蔡圆圆
责任校对　许艺涛
封面设计　周　灵
出版发行　浙江大学出版社
（杭州天目山路148号　邮政编码：310007）
（网址：http://www.zjupress.com）
排　　版　浙江时代出版服务有限公司
印　　刷　杭州高腾印务有限公司
开　　本　880mm × 1230mm　1/32
印　　张　8.75
字　　数　156千
版 印 次　2022年3月第1版　2022年3月第1次印刷
书　　号　ISBN 978-7-308-22401-7
定　　价　48.00元